装备科技译著出版基金

情报、监视与侦察的传感器管理

Sensor Management in ISR

［美］Kenneth J. Hintz 著

王建涛 张立东 译

国防工业出版社

·北京·

著作权合同登记　　图字:01-2023-3419号

图书在版编目(CIP)数据

情报、监视与侦察的传感器管理 / (美)肯尼斯·J.欣茨(Kenneth J. Hintz)著；王建涛，张立东译. —北京：国防工业出版社，2024.5

书名原文：Sensor Management in ISR

ISBN 978-7-118-13201-4

Ⅰ.①情… Ⅱ.①肯… ②王… ③张… Ⅲ.①传感器 Ⅳ.①TP212

中国国家版本馆CIP数据核字(2024)第067442号

Sensor Management in ISR by Kenneth J. Hintz
ISBN:9781630816858
© Artech House 2020
All rights reserved. This translation published under Artech House license. No part of this book may be reproduced in any form without the written permission of the original copyrights holder.
本书简体中文版由Artech House授权国防工业出版社独家出版。
版权所有，侵权必究。

※

国防工业出版社出版发行
(北京市海淀区紫竹院南路23号　邮政编码100048)
三河市天利华印刷装订有限公司印刷
新华书店经销

*

开本 710×1000　1/16　印张 11¾　字数 204千字
2024年5月第1版第1次印刷　印数 1—2000册　定价 108.00元

(本书如有印装错误，我社负责调换)

国防书店:(010)88540777　　发行邮购:(010)88540776
发行业务:(010)88540717　　发行传真:(010)88540762

前 言

早在1980年前后,调度问题起源于对双波段多目标跟踪雷达的时间最优控制,现在的传感器调度已经演变为多平台、网络化异构传感器管理。最初的目标函数是使两个目标的跟踪误差最小,现在统称为协方差控制。只以传感器系统物理状态的最小误差为目标是不够的,还必须把任务评估、整体态势评估、信息获取的可能性和实时性等结合在一起。因此,单个传感器的调度已演变为一个具有综合目标函数的互相连接传感器系统管理和期望信息价值率(EIVR)的最大化问题。

这种转变的基础是将传感器视作一种通信信道,该信道将数据从现实世界传递到决策者的描述世界数学模型中。香农(Shannon)信息论是基于信道传输内容未知时的信道容量(信噪比和带宽)提出的。基于信息的传感器管理(IBSM)模型所采用的理论恰恰与香农信息论相反,它假设信道(传感器)能够以最佳状态传输信息,通过智能选择信道传输数据(如搜索的区域、跟踪的探测目标、识别的探测目标、搜索的数据库、截获的通信链路、读取的社会媒体等),使真实世界传递到决策者世界模型的信息流最大化。

随着物联网(IoT)和其他数据源的出现,人们所面临的环境呈现出了数据丰富但信息匮乏的局面。这种环境下,人们没有足够的时间和计算能力用于处理所有可用数据,因此,决定采集和分析哪些数据,重点分析可能产生有用信息的数据更为重要。有用信息指的是事先已经确定的能最大化地降低世界数学模型中有价值的不确定性。

本书主要介绍传感器管理问题,描述传感器管理如何不断适应环境复杂度和传感器能力持续提高的历史背景,以及从理论上介绍传感器管理方法,尤其是基于信息的传感器管理。我过去撰写了一些基于信息的传感器管理方面的论文,涵盖了时间和技术方法领域,本书将这些论文提出的概念综合在一起,并提供了3章具体实施细节内容。

对以下诸位做出的贡献表示感谢:埃德·华兹(Ed Waltz)为本书的编写提供了大力支持;审稿人提出了积极的建议,极大完善了本书内容。

本书收录了威尔·威廉姆森(Will Williamson)博士、约翰·伯基(John Burkey)博士和戴维·格罗斯曼(David Grossman)撰写的章节,提高了本书的水平,感谢他们在提升对传感器管理特定领域的认识方面所做的工作。长期以来,还有很多人对我的研究工作提供了帮助,包括格莱格·麦金泰尔(Greg McIntyre)博士、艾迪·梅休(Eddie Mayhew)博士(他是我的 Matlab 专家,帮我实现了很多想法)、安德鲁·欣茨(Andrew "Drew" Hintz)博士(他设计了目标结构和数据库模式并在异构软件中实现)、戴维·格罗斯曼(David Grossman,专利律师,他将其中许多概念转化为专利样式,并充分阐述了我的许多想法)以及我的妻子苏珊·欣茨(Suzanne Hintz)博士,她审阅了全书并提出了文字方面的修改意见。

目 录

第1章 传感器管理导论

1.1 情报、监视与侦察的传感器管理动机 …………………………… 001
1.2 传感器管理与数据融合 …………………………………………… 003
1.3 传感器管理来自态势评估需求 …………………………………… 006
1.4 传感器管理 ………………………………………………………… 008
1.5 传感器调度、管理和任务管理 …………………………………… 009
1.6 最佳规划与最佳调度 ……………………………………………… 010
1.7 传感器组件等效为受限的通信信道 ……………………………… 011
1.8 基本概念 …………………………………………………………… 012
1.9 后续章节安排 ……………………………………………………… 014
参考文献 ………………………………………………………………… 014

第2章 传感器管理的发展历程

2.1 从专用任务传感器到异构网络 …………………………………… 017
2.2 频率分集雷达的集成 ……………………………………………… 020
2.3 越战时期模态分集传感器的集成 ………………………………… 020
2.4 同构传感器网络 …………………………………………………… 021
2.5 异构传感器网络 …………………………………………………… 022
2.6 网络中心战:现代传感器管理的起源 …………………………… 023
参考文献 ………………………………………………………………… 027

第3章 传感器管理的固有问题

3.1 传感器管理的间接问题 …………………………………………… 028
3.2 多学科问题 ………………………………………………………… 029
3.3 无源传感器问题 …………………………………………………… 030
3.4 有源传感器问题 …………………………………………………… 031

V

3.5 虚拟传感器、异构传感器和伪传感器问题 … 031
3.6 世界模型 … 032
　3.6.1 物理模型 … 033
　3.6.2 语境 … 033
　3.6.3 概率模型 … 034
　3.6.4 社交网络模型 … 036
3.7 运用问题 … 037
　3.7.1 短视调度 … 037
　3.7.2 传感器管理目标函数 … 038
参考文献 … 040

第4章 传感器管理的相关问题

4.1 引言 … 045
4.2 融合相关问题 … 045
　4.2.1 通用参考框架及不同平台的数据融合 … 045
　4.2.2 数据关联协调系统误差 … 046
　4.2.3 数据谱系 … 047
　4.2.4 数据真实性 … 047
　4.2.5 硬软数据融合 … 048
4.3 搜索、跟踪和识别的选择配置 … 048
4.4 探测准则 … 049
4.5 目标模型 … 050
4.6 调度约束 … 050
　4.6.1 传感器间互扰 … 052
　4.6.2 计算约束 … 052
　4.6.3 随机发生的传感器故障 … 053
参考文献 … 053

第5章 传感器管理的理论方法

5.1 传感器管理理论概述 … 056
5.2 调度方法与决策方法 … 059
5.3 决策理论方法 … 060
5.4 规范性决策理论方法 … 061

5.5 描述性决策理论方法 …… 064
5.6 基于传感器管理架构的方法 …… 065
　5.6.1 分散管理 …… 066
　5.6.2 基于博弈论的方法 …… 067
　5.6.3 基于市场论的方法 …… 067
　5.6.4 混合方法 …… 068
参考文献 …… 071

第6章 传感器管理的人工智能

6.1 引言 …… 074
6.2 AI 的复兴 …… 074
6.3 AI 能力与 IBSM 功能的特定映射 …… 075
6.4 监督式机器学习 …… 076
6.5 无监督机器学习 …… 077
6.6 数据融合 …… 077
6.7 存储和推理的本体 …… 078
6.8 表征不确定性 …… 079
6.9 定性推理 …… 080
6.10 传感器管理的分布式认知 …… 081
6.11 自主等级 …… 081
　6.11.1 自主等级的研究 …… 082
　6.11.2 适应性使能自治 …… 085
　6.11.3 测量适应性 …… 085
　6.11.4 可预见的适应性 …… 085
　6.11.5 不可预见的适应性 …… 086
　6.11.6 适应性的测量 …… 086
6.12 评估自主性的效果 …… 086
6.13 紧密协同的传感器平台控制模型 …… 087
6.14 机器学习 …… 088
6.15 人工智能的可解释性 …… 089
参考文献 …… 090

第7章 MQ-4C"人鱼海神"无人机：案例研究

7.1 MQ-4C 海上广域监视系统概述 …… 093

7.2 MQ-4C 无人机简史 ·· 096
7.3 MQ-4C 传感器载荷 ·· 096
7.4 MQ-4C 作战管理 ·· 098
7.5 MQ-4C 作战指导原则 ·· 099
7.6 MQ-4C 任务想定的传感器管理 ···································· 100
参考文献 ·· 102

第8章 基于信息论的传感器管理方法

8.1 IBSM 概述 ·· 105
8.2 数据、信息和知识 ·· 107
8.3 信息测量 ·· 110
    8.3.1 费舍尔信息 ·· 110
    8.3.2 Kullback-Leibler 散度 ······································ 111
    8.3.3 互信息 ·· 111
    8.3.4 Csiszar-Rényi 广义信息 ···································· 111
    8.3.5 熵 ·· 112
    8.3.6 知识 ·· 113
    8.3.7 NIIRS 信息 ·· 115
    8.3.8 IBSM 信息度量 ·· 116
    8.3.9 传感器信息 ·· 117
    8.3.10 态势信息 ·· 119
8.4 信息时间价值(TVI) ·· 120
8.5 IBSM 模型 ·· 120
8.6 IBSM 管理的传感器平台协同 ······································ 123
8.7 IBSM 的优点 ·· 124
8.8 总结 ·· 125
参考文献 ·· 125

第9章 IBSM 优化准则:期望信息价值率

9.1 全局、等值、目标函数 ·· 128
    9.1.1 $EIVR_{sit}$ 期望态势信息价值率 ································ 129
    9.1.2 $EIVR_{sen}$ 期望传感器信息价值率 ······························ 130

9.2 下一个最佳采集时机(BNCO) …………………………………… 131
9.3 态势和传感器值的目标格 ……………………………………… 131
   9.3.1 目标格值 …………………………………………………… 132
   9.3.2 目标格计算 ………………………………………………… 134
   9.3.3 为确定系统目标的每个不同任务测量相对效用的方法和设备 … 135
   9.3.4 目标格灵敏度 ……………………………………………… 135
9.4 系统目标格示例 ………………………………………………… 135
9.5 通过目标格协同 ………………………………………………… 137
9.6 目标格引擎 ……………………………………………………… 139
参考文献 ……………………………………………………………… 139

第 10 章 基于信息的传感器管理(IBSM)实现途径

10.1 引言 …………………………………………………………… 141
10.2 态势信息期望值网络 ………………………………………… 142
   10.2.1 非受管节点 ……………………………………………… 143
   10.2.2 态势假设节点 …………………………………………… 144
   10.2.3 受管节点 ………………………………………………… 144
10.3 动态贝叶斯网络和态势信息 ………………………………… 145
10.4 传感器选择和控制功能 ……………………………………… 149
   10.4.1 适用功能表 ……………………………………………… 150
   10.4.2 信息实例化器 …………………………………………… 151
   10.4.3 合并使用功能表和目标格底部 ………………………… 152
   10.4.4 时间约束 ………………………………………………… 153
10.5 传感器调度程序 ……………………………………………… 153
10.6 通信管理器 …………………………………………………… 155
10.7 态势评估数据库(SADB) …………………………………… 155
参考文献 …………………………………………………………… 156

第 11 章 未来技术及影响

11.1 引言 …………………………………………………………… 159
11.2 传感器系统的物联网 ………………………………………… 159
11.3 赛博物理系统 ………………………………………………… 160
11.4 第五代(5G)移动通信网络 ………………………………… 160

11.5　智慧城市 …………………………………………………… 163
11.6　感知即服务商业模式 ………………………………………… 164
11.7　作为传感器的社交媒体 ……………………………………… 165
11.8　总结 …………………………………………………………… 166
参考文献 ………………………………………………………………… 167
缩略语 …………………………………………………………………… 169
关于作者 ………………………………………………………………… 174
内容简介 ………………………………………………………………… 175

第1章
传感器管理导论

1.1 情报、监视与侦察的传感器管理动机

传感器管理的动机非常简单,即降低在不可预测的动态环境中手动配置和使用传感器系统的难度,并解决相关问题。当然,人们不可能通过预先配置所有环境传感器来评估自然灾害的演变态势及其对人类的影响,也不可能通过传感器系统的配置及时、有效地对抗智能化对手。传感器管理问题可分解为定向、收集、处理和分发4个步骤的循环(DCPD)[1],并自动完成这些步骤。这个方法假设每个步骤都能表示成一个任务,重点是如何分解每个任务,从而让循环中其他步骤之间能有效地交互和理解。显然,一个定向层面任务可能无法转化成收集层面任务。学术界有时将这个难题称为传感器任务分配(SAM)问题。若想超越物理世界评估这一形式,并从情报、监视与侦察(ISR)的角度评估对手状态,历史上存在3个极具代表性的重大事件可供参考,即第二次世界大战、冷战和2001年9月11日发生在美国的"9·11"事件中发生的4次协同攻击。在每个案例中,对手以及评估对手能力和意图所需的方法都发生了变化。第一个重大变化是由于在第二次世界大战之前电报和电话通信的应用增多,改善了军事行动和平民活动的及时性、协调性和控制力。陆基通信电缆和无线电通信无处不在,使其容易受到截获、分析,从而收集有关对手意图的情报。这些通过开放式通信获取情报的方式不仅在军事和政治方面得到应用,而且也是商业上获取竞争对手意图所带来的经济优势。谢尔毕斯(Scherbius)在其1928年的专利(于1922年在德国申请)中指出[2]:

提出了用于明文加密和解密装置的方法,该方法像操作打字机一样输入加密字母或者产生加密的打孔条带或者操作显示设备。

他提出了一种用于保护商业、外交和军事通信的改进型密码机。该密码机是德国政府著名的"谜"(Enigma)式密码机前身。对"谜"式密码机加密的通信

进行破译是第二次世界大战之前和第二次世界大战期间英国政府重点努力完成的任务。在这种情况下,所用的传感器很简单,因为固定电话很容易被分接;远程无线电通信尽管经过了加密,但必须采用易于截获的短波(HF)通信信道进行传输,而且必须由接线员进行人工转录。数据量也易于管理,且可以方便地发送到位于英国境内布莱切利公园(Bletchley Park)的实验室。该实验室的密码破解员人工破译密码,同时研发密码破解设备,以提高解密的及时性。图灵(Turing)和其他人在布莱切利公园开发的自动化机械电子和电子设备是专用计算机原型,后来演变成了通用计算机。

随着航空摄影技术的提升、间谍网络的建立和情报机构的出现,第二次世界大战期间催生了现代数据融合技术。人们将通信情报(COMINT)、人工情报(HUMINT)和图像情报(PHOTINT)融合,来全面描述战争状态。因此,第二次世界大战是现代数据融合的开始,但当时这种融合仅仅是采用一种手动的、初步的方法来管理通信情报、人工情报和图片情报资源。

冷战是第二次世界大战之后,一直到柏林墙倒塌和1991年苏联解体之前的一段地缘政治紧张时期。冷战双方是美国和苏联及其卫星国("东欧集团")之间的战争,这段时期开启了ISR复杂性和范围需求不断增加的新时代。对ISR需求增加的直接原因在于冷战双方认识到核武器的应用会对人类和环境付出巨大的代价,必须遏制其扩散。因为大规模部队调动,第二次世界大战期间的军事行动比较容易侦察(采用"谜"式密码机和洛伦兹加密的消息除外),但核能力的发展却不那么容易观测[3]。

纵览近代历史,由于未能识别对手及其战略已经引发了诸多问题:使国家陷入了瘫痪,加剧了政治家之间的错误判断,增加了战争风险。相比之下,完善的情报(包括区分敌我的能力、设计适当的情报获取程序的能力)则起到了稳定局势的作用。在冷战期间,双方都有能力开发有效的搜集和分析程序以监视对方,这有助于弄清对方意图并阻止战略层面战争的爆发。

冷战结束(或至少是冷战暂停)之后,2001年9月11日美国遭受了4次协同式恐怖袭击。这些袭击引发了对ISR领域传感器管理的再思考,重点是将ISR视作支持情报的使能技术。尽管大多数情报都是出于区域性、即时性目的,在战场上以相当初级的层次收集的,但情报通常被理解为:"代表国家安全决策者所开展的信息收集、分析和分发活动[4]。在该定义以及几乎其他所有定义中,决策者都是情报功能不可或缺的组成部分。"

我们虽然与那些旨在争夺权力和控制权的国家存在军事冲突,但是还面临着各种利益和行为体之间的非对称战争。外交必须处理世界各地的多种文化,而不是几个主要国家的文化。应急响应必须处理不寻常范围和严重程度的实时灾难。电网、供水或运输等基础设施供应商的自动化系统越来越复杂,不断遭受通过无处不在的通过互联网实施的恶意攻击。传统上,传感器管理专注于数据获取,而很少关注信息内容或者客户需求[5]。仅仅从军用传感器、世界新闻媒体、外交通信截获、社会媒体发布、公共服务频段通信或网络传感器中收集大量未经处理的数据,并希望如同大海捞针一样找到有价值情报的方式不再可行,而是必须强调用户即时情报需求并利用最佳资源获取情报。情报生成是一个过程,对警察、外交官、基础设施控制人员、飞行员、应急响应人员、经济学家或军事规划人员有用的情报是指有价值且及时的知识,即行动情报(actionable intelligence)。

1.2 传感器管理与数据融合

相关文献提出了传感器管理的多种定义,部分罗列如下(未排序)。

(1) McIntyre:"传感器管理可以描述为在动态和不确定环境下,对一组传感器或测量设备进行自动或半自动控制的系统或过程[6]。"

(2) Musick 和 Malhotra:"传感器管理(SMgmt)的目标是集成使用传感器,以高性能水平实现特定任务目标[7]。"

(3) G. W. Ng 和 K. H. Ng:"传感器管理系统(SMS)的目标可以定义为管理、协调和集成传感器使用,以实现特定的、通常是动态的任务目标[8]。"

(4) Buede 和 Waltz:"传感器管理涉及在时间维度上以智能方式控制一个或多个平台上的一个或多个传感器,以满足相关平台执行任务的需求[9]。"

(5) Malhotra:"传感器管理负责控制驱动传感器融合过程的信息收集活动[10]。"

(6) Shea 等:"传感器管理的功能需要自动生成适当的任务,将这些任务映射到一组可用传感器上,并计算执行任务所获得的效益,最终优化这些任务的调度过程[11]。"

(7) Xiong 和 Svensson:"多传感器管理的正式定义是:在动态、未知的环境中,为了提升数据融合性能,最终提升感知性能,管理或协调一组传感器或测量设备使用的系统或过程[12]。"

简而言之,传感器管理的目标是确定正确的传感器,以便在正确的时间为正确的对象提供正确的服务,目标是获得最有价值、最及时的信息。传感器管理的目的是最大程度地及时将有价值的任务信息从真实、网络或社交物理空间传递到数学模型空间,以供决策者使用。当然,如何实现上述目标,不同专家有不同的解释,可参考几本关于传感器管理的书籍[13-15]以及综述论文[16-17]。传感器管理系统的概念框图如图1.1所示[16]。

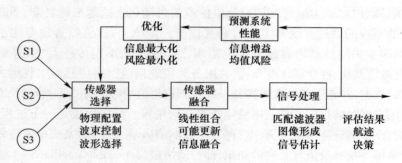

图1.1 传感器管理系统概念框图[16]

在公开文献中,传感器管理经常指领域内的单个主题。Xiong 和 Svensson 将与一组传感器协调和控制有关的 3 个不同问题进行了分类:①传感器部署;②传感器工作任务分配;③分布式传感器网络中的传感器协调[12]。传感器部署涉及"……对何时、何地以及需要多少传感资源来响应世界状态及其变化,做出决策……",以满足所需任务的需求。传感器管理包括与动态传感器布局有关的决策,即需要在何时如何开始布置传感器,以及由于环境和环境中对象的变化如何重新布置传感器。传感器行为分配旨在使传感器行为适应不断变化的状态和任务要求,例如使用哪些传感功能以及如何使用。分布式传感器管理系统中传感器协调的主要目标是在很少或没有人工管理的情况下实现协调。

讨论数据融合时通常不考虑传感器管理。数据融合通常也称为信息融合,尽管信息指的是随机变量不确定性的变化,而这种变化可能是数据融合导致的。不考虑信息内容而仅仅收集数据会导致大数据问题,即数据量大、多样性、速变性、真实性。传感器管理可以通过协调传感资源来收集那些对任务最有价值的主要数据,降低数据体量并提高数据质量。若要融合的数据源是事先计划好的,则可以对观测时间进行定时,使它们同时进行观测或观测时间间隔很近,可以减少(乃至消除)将一个传感器获取的数据外推到另一传感器观测数据的时差。

信息融合是一种将来自异构传感器源的传感器数据进行组合,以获得无法从单个传感器获取的关于环境推理预测的过程。尽管已有许多专家提出了用于传感器融合的各种通用功能模型,但最通用和最全面的传感器融合模型依然是由联合实验室数据融合小组(JDL-DFG)开发的模型。该模型及其各种更新版模型提供了数据融合过程的通用功能划分,描述了将传感器数据处理为更高的抽象层级并基于传感器数据进行推理的各层级[18-24]。如图1.2所示,该模型是描述性的,而不是规范性的[18]。为保持通用性,图中未暗示或强加任何层次结构,但该模型的层级是以最常见的抽象数据融合顺序命名的[22]。以下定义摘自文献[18]。

0级,数据评估。基于像素级/信号级数据关联(例如信息系统采集处理)对信号/对象的可观测状态进行评估和预测。

1级,对象评估。基于数据关联、连续状态评估和离散状态评估(例如数据处理)对实体状态进行评估和预测。

2级,态势评估。评估和预测实体之间的关系,包括部队结构和部队关系、通信等(例如信息处理)。

3级,影响评估。评估和预测参与者对计划或评估的行动态势的影响;该环节还包括对多个参与者的行动计划之间的交互影响进行评估(例如评估威胁行动对计划行动和任务要求、性能评估的影响)。

4级,流程精化(属于资源管理要素之一)。进行自适应数据采集和处理,实现目标感知(例如传感器管理和信息系统分发、指控)。

5级,用户精化(属于知识管理要素之一)。自适应确定谁查询信息、谁有权访问信息(例如信息作战),以及自适应检索和显示数据,以支持认知决策和行动(例如人机界面)。

6级,任务管理(系统管理的要素之一)。自适应确定资产的时空控制(例如空域作战)以及路径规划和目标确定,以支持在社会、经济和政治受限情况下的团体决策和行动(例如战区作战)。

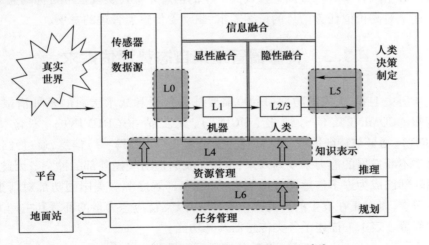

图1.2 数据融合信息团队的2004模型[19]

传感器融合的功能视图描述了感知系统中涉及的过程类型。虽然该模型仅是描述性的,并没有说明如何设计数据融合系统,但是它显示了数据的综合流程图以及传感器管理的反馈性质。对不确定性的管理对于过程至关重要。当传感器查询其环境时,信号将被处理为一个特征集,特征集中的特征都具备各自的不确定性。然后,在对这些特征进行处理与关联的过程中,也会在实体中引入不确定性。此后对这些实体之间关系进行的评估也是在存在不确定性的情况下进行的。之后,根据评估出的关系可以确定影响或威胁,但仍然存在其他不确定性。通常融合过程产生的各种不确定性是无法类比的,彼此之间可能存在非线性关系。例如,实体属性的少量不确定性可能会在评估实体与其他实体之间关系的过程中引入大量不确定性。因此,随着传感器数据经过多个数据融合过程,不确定性不仅会传播、扩展,还会增加新的不确定性维度。传感器管理试图从所有这些功能层级中获取数据及相关的不确定性,以便为传感器融合过程中降低不确定性以及增强传感器对环境的整体感知能力提供指导。因此,传感器管理从根本上说是一种反馈控制系统。如 Mahler 所述,传感器管理是一个"随机多目标"过程和"最优控制问题",涉及"目标的随机变化集、传感器/源的随机变化集、接收数据的随机变化集和传感器搭载平台的随机变化集"[25]。早期的 JDL 融合模型结合了性能评估和资源管理功能。该模型的最新版本将这两个功能分开,并将资源管理级别划分为双融合层级[20-21]。

应该注意的是,数据融合有 3 种类型,即集中式、分散式和分层式。由于数据融合不是本书的重点,而仅被视作对传感器管理起作用的功能,因此不再进一步讨论数据融合本身。数据融合及其产生的信息是 ISR 实现任务目标的关键部分。正是对高价值任务信息的持续需求,驱动着传感器管理的发展。

1.3 传感器管理来自态势评估需求

从历史上看,美国国防部(DoD)需要战略层面和战术层面的多种情报(通信情报(COMINT)、信号情报(SIGINT)、人工情报(HUMINT)、图像情报(IMINT)、测量与特征情报(MASINT)、公开情报(OSINT)[26])信息,通过评估潜在对手不断发展的能力来规划未来,也用于实时应对美国外部的冲突。因此,美国国防部已成为许多传感器管理研究、开发和部署之源。美国国防部对情报有实时需求,以对正在发生的冲突提供支持,以及支持应急力量的部署和主动力量的预部署。表 1.1 描述了各类传感器及其功能。

表 1.1 各类传感器及其功能比较[27]

传感器输入	定位质量	识别质量	观察范围	目标移动性
电子情报	差-中	好	宽	通常是静止目标
通信情报	差-中	中	宽	动、静均可
移动目标指示	好	差	中	移动目标

续表

传感器输入	定位质量	识别质量	观察范围	目标移动性
合成孔径雷达	好	中	中	静止目标
红外/光电	好	好	窄	动、静均可
声学	中	中	窄	动、静均可

随着恐怖主义非对称战争威胁的增长，传感器管理问题已扩展到社交传感器，而且问题已从外部的、军事层面扩展到内部的、国土威胁层面，这些都需要由其他情报机构来处理。

显然，自2001年9月11日发生"9·11事件"以来，传感器管理的作用已从通过物理感知观测与融合的调度实现运动状态评估，扩展到整个物理传感器、社交传感器、网络传感器世界的顶层集成。国家希望通过ISR应对恐怖威胁的需求扩展传感器功能，实现自动人脸识别、重点关注人员生物特征检测、持续监视、全源多情报数据融合。这种多种情报（multi–int）ISR导致了两个主要问题：①大数据问题；②及时将数据从传感器或分布式数据融合中心传输给决策者需要很大的通信带宽。

除了监视和预测美国境外恐怖分子行动的非对称战争任务外，美国国土安全机构在制定安全措施来监视可预见的国家事件（如国家橄榄球联盟"超级碗"比赛和圣帕特里克节游行）方面也存在重大困难，因为这些事件在同一时间和地点聚集大量人员，可能吸引恐怖分子行动。传感器管理问题是确定在发生事件的地点周边安置传感器的位置（传感器部署），来防止、及早发现和遏制恐怖行为。尽管对于这些可预测的事件而言有足够时间筹划多种情报（multi–int）传感器部署，但在面对自然灾害时则准备时间较短，具体准备时间取决于远程传感器对飓风和森林火灾等动态变化的预测能力。传感器管理的目标不仅是以最优方式预测将受到影响的地理区域来警告人们撤离到相对安全的区域，还包括对自然灾害的后续影响进行最佳评估以指导搜救工作。也就是说，即便是国土安全领域也需要行动情报和对动态异构传感器组件的有效管理，来有效地执行工作。

传感器管理的一个相对较新的领域是赛博（互联网）传感器，监视网络并检测攻击者的入侵，这些攻击者既会攻击个人计算机，也会控制公用事业和金融基础设施计算机。赛博攻击者的动机包括经济诱因（以网络钓鱼攻击和入侵系统为主要手段的勒索软件）、寻求出名（寻求自我）、赛博恐怖主义等。

传感器管理在商业领域也具有重要应用，目的是产生并保持竞争优势。显然，如库存控制这样简单的事情会极大地影响盈利能力和客户满意度。大型互联网服务供应商通过使用赛博传感器收集、营销和出售用户的个人数据，使电子商务(e-commerce)受益显著。尽管该技术可能严重侵犯个人隐私,但不可否认的是,通过将广告定向发布到特定人群,让电子商务获益良多。用户浏览习惯的搜集和对用户信息的搜索就是赛博传感器的典型应用案例。

为提供服务,电子商务还将用户背景考虑在内。诸如地图之类的移动设备应用程序不断感知环境,了解用户位置,可以向用户提供距离最近或相对较近的广告或其他本地信息。移动应用程序(APP)可以通过物联网(IoT)像使用控制器一样远程控制家中监视系统和家用电器。因此,即使用户不在家中,现在也可以连接到其个人传感器。传感器管理也被应用于自动驾驶汽车和机器人的路线规划和控制[28]。来自数据库和物联网的远程数据无处不在,导致传感器管理扩展到在无需用户直接请求情况下即可使用赛博传感器为用户自动检索语境相关数据的方法[29]。

1.4 传感器管理

传感器管理包含各种过程和方法,这些过程和方法旨在优化一组异构传感器的使用,以支持和增强数据融合过程,进而对环境状态进行评估并实现态势评估。早期,环境状态仅指如飞机、轮船或个人等目标的物理状态。物理状态指的是位置、速度和方向,本质上可表征目标所有6个自由度(6-DoF)及其衍生特征。最近,还将环境的社会状态和参与者的意图考虑了进来。这催生出了一些新方法,如融合观测到的硬数据(源自物理世界)和软数据(由人类生成)的方法以及非典型传感器信号处理方法(如自然语言处理)。

传感器管理描述了在传感器资源受限或数据丰富的环境中优化数据和信息采集过程的方法。传感器资源受限意味着传感器无法同时观测所有物理过程。例如,为了增加雷达传感器的增益和信噪比(SNR),只能将天线接收能量聚焦在受限波束中,这会牺牲其他方向上接收信号的能力。对于电子支援措施(ESM)接收机,限制射频带宽以提高信噪比,但无法检测到带外的信号。传感器系统不仅受限于其同时观测整个环境的能力,而且大多数环境有很多数据不包含可用信息或只能在更大的状态空间中才能解释,属于数据丰富、信息贫乏(DRIP)的环境[30]。这样的环境在军事、环境监测、应急响应和民用应用中非常普遍,这也与Meier于1962年在《城市增长的通信理论》中所预测的结论相同[31]:

> 对各种通信信道传输消息的信息价值的定量评估,以及通过实验技术对信息处理人员能力的鉴定,表明在未来半个世纪内可能出现通信流量普遍饱和的问题。

Meier最初在传感器融合的背景下创造了"信息过载"一词,他正确地预见了传感器管理的基本问题,尽管更基本的问题是数据溢出和从大量数据(大数据及相关问题)中提取信息的难题。使用传感器和处理器自动观测环境时,通常会面临数据过多以至于无法及时检测和处理的问题。因此,传感器管理寻求确定在特定时间对于特定应用场景而言最关键的信息,然后确定如何以最优方式采集该信息。"及时的方式"还意味着需要实时处理,"实时"一词对于不同过程的动态变化、不同的决策者需求而言也有着不同的含义。对于识别和跟踪来袭导弹而言,"及时的方式"确实意味着要以实时、排他的方式进行状态评估操作。若为了确定地缘政治实体的政治状态及其发生革命的可能性,则术语"实时"可能意味着数月时间。因此,"及时的方式"是一个需要考虑的、依赖于问题的事项,但在管理传感器系统时必须将其考虑在内。也就是说,这其中暗含着状态评估过程中存在不同的标准。稍后将看到,有很多方法可以评估传感器管理操作,其中许多方法错误地混淆了任务值与即时性。

不断演进的、动态的、集成的世界对即时性和复杂度的需求,要求开发一种灵活、自适应和可自动重构的传感器管理系统,而不是开发一种控制单一传感器系统、在单一环境中运行并评估单一过程状态的"点"解决方案。化工厂就通常会采用单一过程。化工厂是一个复杂、非线性、动态过程的案例,该过程定义清晰、界限清楚,可以使用固定的预先计划的传感器管理系统进行观测。因此,可以合理设计传感器管理系统来满足控制算法带宽、精度和过程动态性(若已知且统计学上状态稳定)的需求。

1.5 传感器调度、管理和任务管理

传感器管理的范围介于传感器调度和任务管理之间。它们之间的区别主要体现在每种方法使用的性能指标不同。简单来讲,传感器调度主要用于单个传感器,在该传感器中,所需任务首先映射到其能执行的各种功能,然后依次排序以完成任务。例如,多功能雷达可以提供多种探测功能,包括目标位置探测、目标位置和多普勒(测速)探测、使用窄波束的远距离探测、使用宽波束的近距离探测,以及通过回波信号处理的目标识别。它还可以在干扰环境下,通过接收天线置零(即将接收天线方向图的零点指向干扰方向)进行目标探测。也就是说,传感器调度器是通过适当分配雷达资源以实现雷达效用最大化,获取目标探测信息,该过程仅依靠自身获取信息,不考虑其他传感器。

固定搜索模式不算是传感器调度。不同类型传感器会采用不同的传感器调度方案,但目的是在不考虑其他任何因素的情况下实现该传感器的应用效能最大化。在线、贪婪、紧急驱动、抢先式调度算法(OGUPSA)是一种典型的通用传

感器调度算法,能够在无需关注调度原因的情况下对一组异构传感器之间的观测请求进行调度[32]。

传感器管理器比传感器调度器具有更高的抽象层级,因为它必须从多个传感器(功能、类型相同或不同的传感器)中确定调度时的观测顺序,以实现所有传感器的最大化利用,进而获取对环境的观测。传感器管理意味着基于全局态势的传感器应用,但任何单个传感器都无法获取全局态势。从以传感器为中心的角度来看,调度程序可能认为其已经做到了最佳,但是从任务中心的角度看,可能(而且通常都)不是最好的。传感器管理器本质上是一种资源分配策略,可将任务分配给最适合执行该任务的传感器,若该传感器不可用或已被完全占用,则决定将哪个传感器分配给该任务。传感器管理可提供最佳态势评估,来使任务规划人员和决策者获得最佳态势感知。传感器管理器的另一个功能是确定态势评估的更新频率。连续测量会浪费很多资源,因为每次测量可能获取的信息很少。然而,若观测间隔过长则意味着传感器可能会失去对目标的跟踪而不得不重新捕获目标(详见第8章)。重新捕获目标意味着需要再次搜索丢失的目标,这比跟踪观测要耗费更多资源和时间。对跟踪目标的合适更新频率取决于其动态特性和处理噪声。

任务管理器关心的不是特定传感器或其性能,而是选择任务和确定优先级,这些任务将有助于传感器系统所在的平台完成任务。若有辐射控制(EMCON)方面的性能要求,则任务管理器还可能使用无源传感器获取通常由有源传感器采集的观测值。若需要进行火控,则任务管理器还可能通过传感器选择来降低功耗或在目标方向上提供最大精度。任务管理器可能还需要考虑可用计算资源。对于搭载通用或专用计算机的战斗机而言,可以及时处理的数据体量是有限的。对于无人机或电池供电的移动设备而言,功耗会影响其任务执行结果,因此需要将计算资源转移到最有价值的任务上或放慢速度(降低时钟速度进而降低功耗)来延长任务持续时间(除非有非常紧急的任务)。

1.6 最佳规划与最佳调度

1.5节描述了传感器调度与传感器管理之间的区别。本节描述规划和调度之间的差别。规划是指识别组成部分的序列来实现特定目标的过程,无论该序列是飞行路线还是一系列感知活动[33]。然而,调度是确定如何在系统约束条件内最佳地使用所选组件或组件序列。从计算量角度来看,通常认为无论采用什么目标函数,对多传感器系统进行全局优化都是不可行的。因此,通常不会寻求全局优化,而是寻求在某个滚动时域(时间周期或时元)内的下一个最佳采集时机（BNCO）。在此时间周期内，传感器系统的动态性已知，环境的动态性短期稳定，这样，将传感器的选项减少到计算量可行的值。海上监视领域需要使用卫星星座来搜索、定位和跟踪水面船只，则需要对具有所需能力的过顶卫星进行调度："为了实现最佳资源利用，对信息进行回溯利用和对传感器进行预测性管理，都需要集成到单个过程中。"[34] 即对海事数据采集进行规划，以便在采集后处理期间提供最有用的信息。单纯从传感器的角度来优化传感器是不够的，而应该从情报产品的角度选择传感器的最佳应用方式。这意味着在传感器管理中必须将传感器平台的动态性（单个卫星及其位置和方向或整个星座）考虑在内。从最佳下次采集机会角度来看，这仍然在某种意义上留下了最佳问题，其性能指标的相关定义和评估方法见第9章。

1.7 传感器组件等效为受限的通信信道

若从信息论的角度出发，那么传感器系统的目的是将信息从真实世界（物理、网络或社交）转换到该真实世界的数学模型中。决策者用来决策的是世界的数学模型，而不是现实世界。从这一观点出发，可以将传感器系统视作一种通信信道，该信道在将世界信息编码为传感器产生的数据方面进行了优化。尽管第9章将讨论一些通用的信息度量方法，但大多数工程师还是倾向于采用香农信息论[35-36]，因为该理论一直用于通信信道信息容量估计。香农没有关注信道内容，只关注数据编码，目的是在信道中以最大的信息速率发送该数据。通信信道受到信噪比和带宽的限制，这两者都会影响信道信息容量。将信息论直接用于传感器管理会导致两方面问题。一方面，选择什么信息（而不是编码信息的方法）在信道中传输；另一方面，传感器组件应与信息获取方法无关，且应能够通过选择功能最少的传感器来及时提供最有价值的信息。这种基于信息的传感器管理方式详见第8～10章。

开发传感器管理系统的关键因素是定义适当的性能度量标准来对其进行优化，并以此为基础做出传感器资源分配决策。正如其他专家所言，最显而易见的一个指标就是信息度量。原因有两方面：一方面，使用传感器的主要目的是获取信息，从而降低不确定性并增加有关特定环境的知识，而信息可明确衡量这种不确定性，这为传感器管理系统提供了最优化的指标，并可衡量传感器管理器的性能；另一方面，信息度量可作为一个标准统一的度量空间，用于综合权衡、比较、评估异构传感器以及其所执行的各种不同传感器任务（如搜索、跟踪、识别）[37]。信息度量是适合决策和传感器分配方面的度量标准。例如，在军事领域，传感器用于搜索、跟踪和识别目标，在此背景下，传感器管理系统的关键要素是权衡管理传感器这 3 种不同的功能,即确定何时何地进行目标搜索、多长时间对目标跟踪一次、何时并且多长时间对目标识别一次。信息为做出这些决策提供了合适的度量空间,因为每种功能的统计特征都可用来计算传感器活动不确定性的降低程度。本书后续描述将表明,信息对于传感器管理而言是必要措施,但不是充分措施。

1.8 基本概念

在开始正式阐述之前,很有必要介绍一下传感器管理领域通用的基本概念,并给出其他常用术语的定义,这将为描述传感器管理的各种方法奠定基础。数据、观测、测量、评估、信息和知识等相关术语已经被过度使用,但又没有明确定义或定义不清,这使不同从业者之间很难交流概念[38]。这些概念将在第 8 章中给出定义。

传感器管理系统必须是自适应的,并且必须基于通用原则,才能确保普适性并能够在任何环境中使用。历史经验告诉我们,传感器系统所面临的下一次冲突将迥异于此前的诸多研究成果。也就是说,除非传感器管理系统所应用的环境非常单一;否则不能将其设计为一种"点"解决方案。所谓"点"解决方案,指的是为单个传感器组件设计传感器管理器,或设计一个传感器管理器满足所有可能的应用子集需求。相反,我们寻求一种独立于传感器的管理系统,可以在确保传感器以最佳方式运行的同时动态地添加和删除传感器,能够适应动态环境以获取最及时、最准确的信息,并将其提供给操作员。

对从传感器观测结果中得出的数据不是采用自下而上的方法描述,而是从态势评估传感器系统入手自上而下地描述。信息融合领域将态势评估定义为"实体之间关系的评估和预测,包括态势结构、态势关系、通信等"[39]。态势评估可以视作环境的内容以及该环境的状态,无需对环境有任何更高的了解。态势感知是环境的成因,"将态势感知视作一个融合问题,涉及识别和检测一级对象之间的高阶关系"[40]。例如,态势评估的目标可能是找出简易爆炸装置(IED)制造者所在地,而态势感知的目标是确定简易爆炸装置制造者的下一个目标的位置或对象。本书仅涉及态势评估,而不涉及态势感知。

若从态势评估的角度看待环境,不可能得到环境中所有实体和过程状态的知识。然而,可以根据对实体、实体状态、实体间相互影响的不确定性来定义有关环境的知识,进而从概率的角度评估态势。这种态势知识可以用因果贝叶斯网络来表示,因为它不仅仅代表数据之间的相关性,而且结合了节点之间的因果关系和那些节点的不确定性[41]。这些节点中的不确定性表示缺失有关实体或过程的知识。正如可以计算单个随机变量的香农熵一样[35]，也可以通过计算其全局熵 H 来量化贝叶斯网络中的知识量[38]。贝叶斯网络的知识熵 KEn 的用法将在第 8 章中讨论，该章提出了基于信息的传感器管理。

若在贝叶斯网络中捕获到有关环境的知识并通过 KEn 对其进行量化，则可以假定有关环境的知识具有时间分量，称其为时间贝叶斯网络（TBN）。正如未观测到过程变量的情况下过程状态的不确定性会随着时间的推移而增加一样，通过获取有关过程的信息也可以降低过程不确定性。也就是说，从最基本的层面来讲，信息可定义为不确定性的变化。尽管信息量度有多种，但比较恰当的信息量度是将其定义为系统中随机变量熵的变化或随机变量熵总和的变化。

具备时间贝叶斯网络中表达的态势以及熵的变化知识之后，可以基于特定时间点之前和之后随机变量（与时间贝叶斯网络节点相关联）的不确定性变化来计算信息。其中，不确定性的改变可以通过评估一个或多个随机变量来实现。通过对过程变量进行测量并将其与随机变量的已知属性（如状态转换函数）相结合，就可以得出评估值。一个例子就是众所周知的卡尔曼滤波器。上述测量可以是从对过程的多次观测中得到的滤波值，即由传感器获得的最基本的值是对与过程相关联参数的观测值。得到的观测值可以合并进行测量，如对独立观测值进行非相干求和可以提高信噪比；也可以将测量结果与过程的其他知识集成在一起得出评估值。若评估值改变了随机变量的不确定性，而该随机变量是贝叶斯网络中的一个节点，则可以获得信息。

结合前面的讨论，可以看出贝叶斯网络中的知识可能会存在信息泄露，原因包括时间上的加性过程噪声以及过程模型的不准确性。在因果贝叶斯网络术语中，这些被称为隐藏变量。若要持续拥有有关环境的知识，需要对环境中的过程进行反复观测；而若要增加有关环境的知识，需要确保观测次数大于最小观测次数。这就是传感器管理问题的根源，也是传感器无法同时或连续观测整个环境的原因。必须决定使用哪个传感器以及其指向方向，获取能给出精确测量评估值的观测值。

传感器被用来观测事物或过程。观测过程必须能够获取数据："数据是处于最低层级的个体观测、测量和原始消息[42]。数据的主要来源包括人类交流、文本消息、电子查询或科学仪器可以感知的现象。"可以将数据合并产生参数评估值，所得到的评估值中就已经消除了与该参数有关的不确定性。评估可以很简单，就如同将多个统计独立的观测值或数据进行非相干相加一样，从而得到等于观测值数目平方根的改进信噪比。当过程的动态变化情况可了解或可建模时，则可以使用 α/β 滤波或更复杂的卡尔曼滤波方法。

本书采取平等主义的观点来看待传感器，即将传感器描述为能够对某一过程进行观测并获取数据的任何功能。这样就能够用一个通用框架来控制物理传感器、社会传感器、赛博传感器。所有传感器的目的都是进行观测以产生信息。测量本身不是信息,而只是在有关环境认知的态势评估中降低不确定性的一种手段。

1.9 后续章节安排

第 2 章简要介绍了传感器管理的发展历程。在深入研究传感器管理实践之前,第 3 章描述了一些传感器管理中存在的普遍的或固有的问题。第 4 章介绍了传感器管理中较轻微的问题或相关性的问题,主要涉及数据融合问题。第 5 章介绍了传感器管理的理论方法。由于机器学习在传感器管理技术中的应用已经越来越普遍,因此第 6 章讨论了当前的人工智能和机器学习方法。第 7 章对美国海军 MQ-4C 无人机(UAV)相关的传感器管理进行了案例研究,这也是美军已部署的作战系统之一。第 8 章介绍了传感器管理的信息论方法(基于信息的传感器管理)及其"六分量"模型。第 9 章介绍了基于信息的传感器管理模型的目标函数以及态势信息价值比($EIVR_{sit}$)和传感器信息价值比($EIVR_{sen}$)期望值的最大化。第 10 章介绍了基于信息的传感器管理方法的更多细节,包括时间贝叶斯网络(具备态势评估能力)、可用功能表(包含了联网传感器实现功能的当前属性)、信息实例化程序(实现了传感器信息请求到传感器观测功能的映射)以及在线、贪婪、紧急驱动、抢先式调度算法(OGUPSA)组件(实现了传感器观测功能的请求到实际传感器观测值的映射)。第 11 章介绍了传感器和传感器管理的未来发展趋势。

参考文献

[1] Borowiecki, K., Addressing the Reactiveness Problem in Sensor Networks Using Rich Task Representation, Cardiff, UK: Cardiff University, 2011.

[2] Scherbius, A., "Ciphering Machine," U. S. Patent 1,657,411, January 24, 1928.

[3] Sims, J. E., and B. Gerber, Transforming U. S. Intelligence, Washington, D. C.: Georgetown University Press, 2005.

[4] Sims, J., "What Is Intelligence? Informatoin for Decision Makers," U. S. Intelligence at the Crossroads: Agendas for Reform, Washington, DC, Brassey, 1995, pp. 3–16.

[5] Mullen, T., V. Avasarala, and D. L. Hall, "Customer-Driven Sensor Management," Intelligent Systems, Vol. 21, No. 2, 2006, pp. 41–49.

[6] McIntyre, G. A., Dissertation: A Comprehensive Approach to Sensor Management and Scheduling, Fairfax, VA: George Mason University, 1998.

[7] Musick, S., and R. Malhotra, "Chasing the Elusive Sensor Manager," Proc. of the IEEE

National Aerospace and Electronics Conference,1994.

[8] Ng,G. W. ,and K. H. Ng,"Sensor Management—What,Why and How,"Information Fusion, Vol. 1,No. 2,2000,pp. 67 – 75.

[9] D. M. Buede and E. L. Waltz, "Issues in Sensor Management," Proc. 5th IEEE International Symposium on Intelligence Control,Philadelphia,PA,1990.

[10] Malhotra,R. ,"Temporal Considerations in Sensor Management," Proc. IEEE Natinoal Aerospace and Electronics Conference,1995.

[11] Shea,P. J. ,J. Kirk,and D. Welchons,"Adaptive Sensor Management for Multiple Missions," Proc. SPIE 7330,Sensors and Systems for Space Applications III,Orlando,FL,2009.

[12] Xiong,N. ,and P. Svensson,"Sensor Management for Information Fusion: A Review," Information Fusion,Vol. 3,2002,pp. 163 – 186.

[13] Hero,A. ,et al. ,Foundations and Applications of Sensor Management,New York: Springer,2008.

[14] Mallick, M. , V. Krishnamurthy, and B. – N. Vo, Integrated Tracking, Classification, and Sensor Management,New York: Wiley – IEEE Press,2013.

[15] Blackman, S. , and R. Popoli, Design and Analysis of Modern Tracking Systems, Norwood, MA: Artech House,1999.

[16] Hero,A. O. ,and D. Cochran,"Sensor Management: Past,Present,and Future," IEEE Sensors Journal,Vol. 11,No. 12,2011,pp. 3064 – 3075.

[17] Xiong,N. ,and P. Svensson, "Multi – Sensor Management for Information Fusion: Issues and Approaches," Informaton Fusion,Vol. 3,No. 2,2002,pp. 163 – 186.

[18] Blasch, E. P. , "One Decade of the Data Fusion Information Group (DFIG) Model," Proc. SPIE 9499,Next – Generation Analyst III,Baltimore,MD,2015.

[19] Steinberg,A. N. ,C. L. Bowman,and F. E. White,"Revisions to the JDL Data Fusion Model," ERIM International,Inc. ,Washington,DC,1999.

[20] Steinberg,A. N. ,and C. L. Bowman,"Rethinking the JDL Data Fusion Levels," Proceedings of National Symposium on Sensor Data Fusion,JHUAPL,2004.

[21] Llinas,J. ,et al. ,"Revisiting the JDL Data Fusion Model II ," Proc. of the Seventh International Conference on Information Fusion,Stockholm,Sweden,2004.

[22] Steinberg,A. N. ,and C. L. Bowman,"Revisions to the JDL Data Fusion Model," Chapter 2 in Handbook of Multisensor Data Fusion,Boca Raton,FL: CRC Press,2008.

[23] Blasch,E. ,et al. ,"Revisiting the JDL Model for Information Exploitation," Proceedings of the 16th International Conference on Information Fusion,Istanbul,Turkey,2013.

[24] Sanders, Inc. , "Exploring Architectures and Algorithms for the 5 JDL/DFS Levels of Fusion Required for Advanced Fighter Aircraft for the 21st Century," DTIC ADA391672, Ft. Belvoir,VA,1999.

[25] Mahler,R. ,"Sensor Management with Non – Ideal Sensor Dynamics," Proc. 7th Intl. Conf. on Inf. Fusion,Stockholm,Sweden,2004.

[26] U. S. Naval War College, "Intelligence Studies: Types of Intelligence Collection," September 12, 2019. https://usnwc.libguides.com/c.php? g = 494120&p = 3381426. Accessed September 19, 2019.

[27] Hanselman, P., et al., "Dynamic Tactical Targeting," Proc. SPIE, Vol. 5441, Orlando, FL, 2004.

[28] Zhou, H., and S. Sakane, "Sensor Planning for Mobile Robot Localization Using Bayesian Network Representation and Inference," IEEE/RSJ International Conference on Intelligent Robots and Systems, Lausanne, Switzerland, 2002.

[29] Hintz, K. J., "Content Not Coding," Technology Transfer, 2008, pp. 34 – 35.

[30] Schaefer, C. G., and K. J. Hintz, "Sensor Management in a Sensor – Rich Environment," Proceedings of SPIE, Vol. 4052, Orlando, FL, 2000.

[31] Meier, R. L., Communications Theory of Urban Growth, Cambridge, MA: MIT Press, 1962.

[32] Zhang, Z., and K. J. Hintz, "OGUPSA Sensor Scheduling Architecture and Algorithm," Signal Processing, Sensor Fusion, and Target Recognition V, Orlando, FL, 1996.

[33] Kinnebrew, J. S., et al., "Integrating Task Allocation, Planning, Scheduling, and Adaptive Resource Management to Support Autonomy in a Global SensorWeb," The NASA Science Technology Conference (NSTC), College Park, MD, 2007.

[34] Berry, P. E., C. Pontecorvo and D. A. B. Fogg, "Optimal Search, Location and Tracking of Surface Maritime Targets by a Constellation of Surveillance Satellites," DSTO Information Sciences Laboratory, Edinburgh South Australia, 2003.

[35] Shannon, C. E., and W. Weaver, The Mathematical Theory of Communications, Urbana, IL: University of Illinois Press, 1949.

[36] Shannon, C. E., "A Mathematical Theory of Communication," Bell System Technical Journal, Vol. 27, 1948, pp. 623 – 657.

[37] Hintz, K. J., and E. S. McVey, "Multi – Process Constrained Estimation," IEEE Transactions on Systems, Man, and Cybernetics, Vol. 21, No. 1, 1991, pp. 237 – 244.

[38] Hintz, K. J., and S. Darcy, "Temporal Bayes Net Information & Knowledge Entropy," Journal of Advances in Information Fusion, Vol. Accepted for publication, No. Special Issue on Evaluation of Uncertainty in Information Fusion Systems, 2019.

[39] Blasch, E., et al., "Issues and Challenges in Situation Assessment (Level 2 Fusion)," Journal of Advances in Information Fusion, Vol. 1, No. 2, 2006, pp. 122 – 139.

[40] Matheus, C. J., et al., "Lessons Learned from Developing SAWA: A Situation Awareness Assistant," 2005 7th International Conference on Information Fusion, Philadelphia, PA, 2005.

[41] Pearl, J., Causality, Models, Reasoning, and Inference, Second Edition, New York: Cambridge University Press, 2009.

[42] Waltz, E., Knowledge Management in the Intelligence Enterprise, Norwood, MA: Artech House, 2003.

第 2 章
传感器管理的发展历程

2.1 从专用任务传感器到异构网络

第1章讨论了通过 ISR 来评估对手的状态,主要围绕3次重大冲突(即第二次世界大战、冷战、4次协同攻击的美国"9·11"事件)介绍了传感器管理发展历程。本章增加了与反恐冲突有重叠的第4种样式,即网络中心战概念,并描述了它与第3次抵消战略和传感器管理的关系。表2.1总结了传感器管理发展过程中的主要问题和挑战。

表 2.1 国际冲突中传感器管理的主要挑战

冲突	对手	ISR 传感器	传感器管理挑战	传感器管理方法
第二次世界大战前	多国	人工情报、电话线窃听、短波无线电侦收	非实时、难协同、非加密通信、视距通信	松散任务分配
第二次世界大战	盟国对德、日	首部雷达、短波侦收、人工情报、弹着点观察员、以平台为中心	有线通信、目视与图像检测集成、地理空间不确定性、人在环路中(HIL)	网络化传感器集中控制、加密通信
冷战	大国之间	雷达、红外、电子支援措施(ESM)、卫星	ISR 资源融合、从卫星下载数据、多模传感器开发、控制要求超出人类能力	照相情报、图像处理、数字成像传输
"9·11"事件和反恐	协同、分布式、非军事行动	网络中心战、社交媒体、赛博数据	软硬数据集成、对手具备无组织特征	自然语言处理(NLP)

基于与这些主要冲突相关的传感器和管理能力的改进,本章将详细地介绍传感器管理领域的研究进展。单个传感器最初与单个平台或武器系统相关联(以平台为中心),并专门用于支持该平台或武器的任务。如今,在网络中心战环境下,第3次抵消战略非常重视技术创新和发明创造能力,传感器能力也已经从以平台为中心的物理传感器转型为从物理、社交和赛博传感器获取网络化信息,这些信息可供提出请求的用户使用,与传感器所处的平台无关。

第二次世界大战之前,信息从一个地方到另一个地方的传递限于视距、音频电话或当时非常先进的无线电通信。在第一次世界大战中,从一个指挥部到另一个指挥部的关键信息传输是不精确的,甚至是混乱的。例如,在日德兰海战(Battle of Jutland)中,当时戴维·比蒂爵士中将向约翰·杰里科爵士上将发信号称德国舰队"就在自己身后",但没有向后者告知自己的位置。这种不完整的空间不确定性信息导致第一次世界大战期间英国和德国舰队之间的战斗充满了变数。在第一次世界大战与第二次世界大战之间,军事能力的非对称发展使西欧和英国相比德国处于劣势。电磁测距最初被爱德华·维克多·阿普尔顿(Appleton)爵士于1924年用于确定电离层的高度,而后罗伯特·沃森·瓦特(Watt)爵士在1935年的一篇论文中提出可以用其来探测飞机,该技术的发展导致英国沿东部和南部海岸不断打造雷达链,并于1939年投入使用。这种雷达链

图2.1 在英国萨塞克斯郡波林的"本土链"双基地雷达[1]

被称为"本土链"(Chain Home),图2.1展示了其中一个例子[1]。雷达链与海岸监视人员、短波无线电侦收设备相结合,改变了英国的空战指挥控制(C^2)结构,增强了盟国的显著竞争优势[2]。美国在夏威夷有6套实验性移动雷达系统,其中1套安装于夏威夷瓦胡岛的奥帕纳雷达站。奥帕纳现场的一名操作员发现了正在接近的日本飞机,但是当向临时信息中心报告时,该预警信息被误判为B-17轰炸机编队[3]。1940年,美国已经有雷达探测到了对珍珠港的袭击,但没有像英国那样有效地将其纳入预警系统,从而使珍珠港袭击被发现时为时已晚。

这个早期的例子表明,不仅要有观测环境所必需的传感器,而且还需要一种有效的方法来评估态势并正确判读传感器提供的数据,进行传感器的正确管理以提供有效的态势评估。本章不对传感器管理历史进行时间层面的梳理,而是以相关传感器、传感器系统及其不断发展的管理能力为例,介绍相关技术和概念方法。因为很多传感器管理概念在时间层面都有重叠,且其中大多数又是作为"点"解决方案而开发的。之所以说这些都是"点"解决方案,因为它们是针对特定威胁(如不断发展的弹道导弹防御系统)做出响应而设计的,它需要对弹道导弹轨迹的所有阶段做出响应。

现代传感器管理真正开端是为了解决对一组传感器中进行人为控制的局限性。传感器数量太多、应用太灵活,单靠一个人无法有效使用,尤其是当他还有其他工作要做的时候(如驾驶战斗机)。这种管理方式实际上是一种人在回路中(HIL)的单传感器自动控制方式,受限于人类操作员的"带宽"[4]。当时这种传感器管理方式的第一步是自动传感器调度,其中,传感器在波束指向和频率捷变方面的行为会根据特定任务或接敌预测来预设和指定。然而,本书的关注点不是单个传感器调度方面,而在于多传感器协调应用以及如何利用多传感器提供有用的态势评估方面,因为传感器总会受到其物理能力或可用计算能力的限制,无法始终在所有方向上进行感知,通常会为了提升距离精度和角度精度而牺牲全向感知能力[5]。与以前相比,因为对传感器操作特性实时控制和修改的能力不断增强,当前传感器受到的限制更少。

传感器管理研发的时间表如图2.2所示[6]。尽管传感器管理的复杂度不断提高,但并没有发展出一个通用的基础理论,也没有一个被应用。

传感器管理正在从一种"点"解决方案发展到另一种"点"解决方案。已有多种传感器管理方法(如神经网络、线性规划、启发式方法、基于规则的系统、贝叶斯网络)用于管理传感器,但没有任何一种方法能够在领域内占主导地位。在过去的100年中,新传感器技术的引入以及现有传感器功能的提升共同推动了传感器管理的转型。

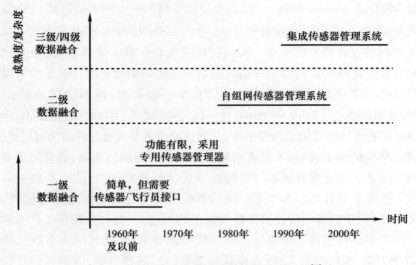

图 2.2　基于信息的传感器管理发展历程[6]

2.2　频率分集雷达的集成

随着 20 世纪 50 年代雷达能力的提高，雷达信号传播特性、天线尺寸、目标的雷达散射截面积（RCS）等方面的发展，以及相干雷达和多普勒信号处理技术的引入，使得在一个平台上集成不同的雷达成为可能。单一平台上传感器管理的最初形态是使用搜索雷达探测目标，然后把目标探测结果移交给火控雷达（即目标指示功能）。较低频段搜索雷达的探测距离会更远，且能够工作于下雨和其他存在距离受限的情况。较低频率的射频信号无法为火控雷达提供足够高的角度和距离分辨率。较高频率的射频信号尽管会受雨水的影响，但可以为火控雷达解算提供更准确的目标运动状态评估。除了雷达本身特性外，实际目标的行为受一些运动学因素限制，有助于将雷达用于目标轨迹评估。到 20 世纪末又开发出了频率分集雷达，提出让雷达在两个雷达频段上以多个频率同时运行，以实现下述目标"……在仰角上覆盖更均匀，目标探测能力得到提升，自动跟踪得到改善，无需 3D 天线即可进行目标测高，具备基本的目标识别功能，以及因为工作于非常宽的频段上而产生的其他属性"[7]。

2.3　越战时期模态分集传感器的集成

东南亚的反暴乱和非常规战争环境使美军部署了多种传感器，进行探测并阻止北越进入南越。尽管该传感器曾有过多种代号，但通常称为"白冰屋"（这是美国在越战最激烈的时候开发的一套高科技系统，以阻截从北越流入战场的部队和补给。——译者注），它部署了3类单元来实现封锁：弹药和感知设备（震动和声音感知），盘旋的飞机（EC-121）用来中继传感器信号，1个渗透监视中心（ISC），它从飞机接收中继信号并为态势评估提供地面计算支持[8]。除了感知出现故障（如电池故障）的传感器以便及时更换以外，该传感器系统本身基本上不需要管理。这些传感器都是无人值守的，并且与作为中继站的EC-121飞机进行连续协同，且未对飞机上的信息进行主动分析或集成。

渗透监视中心负责分析中继数据并为攻击任务制定分配策略。具体来说，渗透监视中心主要具备以下主要功能，即数据处理、目标识别及系统性能监视。为了保持系统的有效性，有些报告会推迟发送，以防止敌人通过车辆运动和目标反应的时间相关性来对传感器进行定位。传感器的次要用途是在攻击后确定拦截行动的有效性，即战损评估（BDA）。然而，由于能够持续获取声波和震动传感器及其性能的反馈，并不断提高其有效性（即便该过程不是实时开展），因此，"总体而言，'白冰屋'系统在业务分析方面似乎既有效又准确。它在非实时情报领域也非常有用，并努力把传感器数据作为实现战损评估的数据来源"[8]。

2.4 同构传感器网络

冷战时代，"锁眼"（Keyhole）侦察系列卫星和水声监听系统（SOSUS）是两个与同构传感器组网及其相关传感器管理相关的案例，它们都面临着特有的难点。传感器网络的发展需要来自4个不同领域的技术，即传感、通信、计算、控制（传感器管理）。

"锁眼"系列高分辨率照片侦察卫星于20世纪60年代问世，先于1982—1999年投入使用的地球资源卫星（Landsat）传感器[9]。这些照相侦察卫星的基本局限性在于必须花时间通过机动的方式进行重编程，以采集新目标的图像。这些照相侦察卫星的传感器是垂直集成的，由于卫星上的处理能力有限，需要人工接收、处理和分析原始数据。在分析数据完成之后再计划下一个任务，几乎不能进行实时传感器管理[10]。由于分析人员通常会对采集工作进行微观管理，即详细规范用于采集的资源和参数，而不是提出其所需信息和所需分辨率，进一步加大了垂直集成度。这种过度规范导致采集手段的资源调度效率低下，而且由于它们不得不响应来自不同用户对同一数据的多个采集请求，偶尔还会导致过度采集[11]。

在20世纪50年代中期开始使用的水声监听系统旨在利用海底的声学传感器(水听器)系统来探测静默的苏联潜艇。在冷战期间,美军选择了一些战略区域来探测和跟踪静默的苏联潜艇。水声监听系统的局限性在于水听器一旦部署好就无法移动。这些部署于大陆架和海底山脉上的大型水听器通过水下电缆连接到岸上的处理设施,这些设施对水听器信号进行处理以形成声波波束,并通过窄带时频分析来实现对目标的跟踪和识别。低频分析和记录(LOFAR)结果仍然需要由人员打印和人工分析,以找出独特的潜艇声特征信号(acoustic signature)。在20世纪80年代中期,一支远洋声学阵列拖曳舰队部署了监视拖曳阵传感器系统(SURTASS)。该系统可以通过卫星连接,将数据与岸上设施的水声监听系统数据链接,共同构成综合海底监视系统(IUSS)。到20世纪80年代后期,计算机已经能够对数据进行数字化分析,并能够将其以视频形式呈现给操作员,而不仅仅是硬复制方式。由于开发了其他更先进的声学网络来进行潜艇监视,因此水声监听系统被美国国家海洋与大气管理局(NOAA)用来监视海洋中的活动,包括热液喷口、海洋温度、地震活动、动物活动以及非法流网捕鱼探测[12-13]。

美国对国家电网的监视是一个典型的民用例子,该监视系统是一个典型的由传感器、开关和断路器构成的网络,其功能是故障检测与故障隔离以及实施电网控制。虽然这是民用电网,但它是美国社会不可或缺的一部分,因此也会成为军事攻击目标。因为电网监视网络控制系统需要用到互联网,因此也增加了脆弱性,如果传感器不组网就不会存在该脆弱性。在民用环境中对关键基础设施进行集中控制会导致很大脆弱性,并给潜在攻击者带来许多瘫痪网络的机会。工业控制系统(ICS)网络在工业设备中很常见,其中数据采集与监视控制(SCADA)系统是一种常见的电力工业系统。数据采集与监视控制系统从公用事业系统的远程站点收集信息,以控制地理位置分散的设施[14]。与其他系统一样,数据采集与监视控制系统无法直接控制传感器以监视电网,传感器只是连续地提供数据。有关国家电网集中管理的更多详细信息,可参见第5章,第5章主要关注传感器调度。显然,电网传感器系统需要进行管理,以保持其有效性,同时降低其遭受敌方攻击的脆弱性。

2.5 异构传感器网络

21世纪以来,物联网概念的引入为创建传感器自组织网络和在无线网络中进行分布式跟踪提供了机会。正是物联网传感器的空间特性和分集性为网络的出现、背景开发以及数据获取提供了条件。除了无处不在以外,物联网通过无线链路大幅提升了其处理能力、存储和自组织连通性。物联网设备的无线连通性意味着不必将数据传输到中央融合中心进行分析和分发，而是可以根据需要（通常在所有者不知情的情况下）采集数据获取情报。这些通用传感器网络可能的属性见表2.2，这些属性使得在传感器自组织网络中进行分布式数据融合成为可能[12]。

表2.2 传感器网络的属性

传感器	尺寸:小型(如微机电系统(MEMS))，大型(如雷达、卫星)。数量:少,多。类型:无源(如声学地震、视频、红外、磁传感器)，有源(如雷达、激光雷达)。构成:同构(同类型传感器)，异构(不同类型传感器)。空间覆盖:密集,稀疏。部署方式:固定部署(如工厂网络)，ad hoc 部署(如空投式)。动态性:固定式(如地震传感器)，移动式(如安装于机器人车辆上面的传感器)
感兴趣的感知目标	目标范围:分布式目标(如环境监测)，局域目标(如目标跟踪)。目标移动性:固定目标,动态目标。目标特性:协同目标(如航空交通管制)，非协同目标(如军事目标)
工作环境	良好环境:工厂场地。敌对环境:战场环境
通信	组网方式:有线,无线。带宽:宽带,窄带
处理架构	集中式处理(所有数据都发送到中心站处理)，分布式处理(由传感器或其他站点处理)，混合处理
能源可用性	能源受限(如小型传感器)，非受限(如大型传感器)

2.6 网络中心战:现代传感器管理的起源

"将传感器视作一种提供态势评估能力的工具，而非提供平台专用数据"的这一现代传感器管理理念，始于20世纪50年代的第一次抵消战略时期，第一次抵消战略是基于美国核威慑力量的利用而提出的。为方便下文阐述，首先介绍一下在军事战略和规划的背景下，"抵消"一词的定义[15-16]如下：

> 抵消战略是一种竞争战略,其目的是长期保持相对于潜在对手的优势,同时尽可能维持和平。该术语被正式用于表示美军相对于可能对手的能力。第1次抵消战略是朝鲜战争后转向以核为基础的"新面貌"(New Look)威慑战略。第2次抵消战略是隐身飞机、精确制导武器(PGM)和其他当前在用技术的部署,此次抵消战略是20世纪70年代和20世纪80年代作为应对华约组织在冷战后期常规力量占据数量优势的一种手段。

美国当前正在实施的第3次抵消是始于2014年时任国防部长查克·黑格尔(Chuck Hagel)的一次演讲,他表示:"今天我宣布了一项新的国防创新倡议,我们希望将其发展为改变游戏规则的第 3 次抵消策略。"[17]

第 3 次抵消战略是对网络中心战概念的延续,重点关注机器人技术、系统自治、小型化、大数据和先进制造方面的技术进步[18]。第 3 次抵消战略包括机器学习和人工辅助平台管理方面的进步,与"人在环路中"相比,这种新的策略通常被称为"人在环路上"(HOL),其目的是将人类思维与机器学习相结合。因此,本书中有关传感器管理的讨论在网络中心战框架下继续开展,并与第 3 次抵消战略相辅相成。传感器的可用性及其性能改进又一次促使传感器管理方法的改变。

网络中心战理念下战场上实体之间连通性的变化示意图如图 2.3 所示。图 2.3 中可以明显看出,在网络中心战环境下,传感器管理发生了本质转变,已经从"以平台为中心的传感器应用"转变为"由传感器所提供数据的网络化应用"(而非图 2.4 所示的传感器组网部分)。尽管图 2.3 未明确显示出"人在回路上"的反馈路径,但实际上这些反馈路径隐藏于各个层级上。这使"人在回路上"可以间接控制用于传感器管理和传感资源分配的自动化系统,从而可以创建和利用信息优势。现代传感器的连通性要求将传感器视作 ISR 各个层级上的可用信息采集资源,而不仅仅是传感器特定用户或传感器所有者的可用资源。正如将在第 9 章中所看到的那样,信息是不够的。若要将感知资源从观测一个过程切换到观测另一个过程,信息还必须具备高任务价值与高时效性。这种情况下期望的结果是通过对信息进行有价值的态势评估,以便据此做出行动决策,

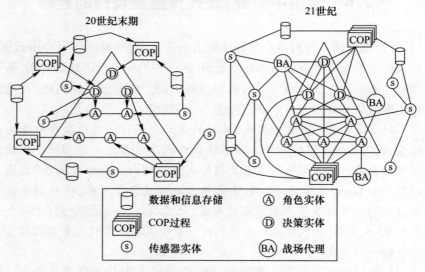

图 2.3 从 20 世纪到 21 世纪战场实体的角色变化[18]

也就是说，传感器需要能够提供行动情报："竞争性生态系统产生和利用竞争感知（对自己的竞争领域或竞争空间的感知）的能力已经成为有效决策的关键推动力，并且已经成为系统中多部门竞争优势的主要组成部分。"[18]

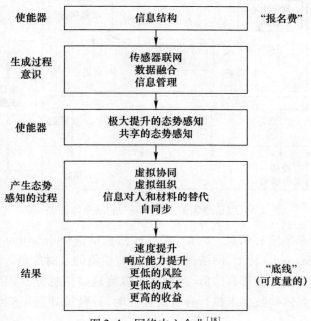

图 2.4　网络中心企业[18]

传感器信息管理对于军事信息系统的利用至关重要，传感器可以获取对手的基本数据，同时阻止对手获取自身的基本数据。图 2.5 展示了全谱作战优势，重点是提供共享作战空间感知的网络中心战行动。所有这些都是有源信息和无源信息作战的结果。从图中容易看出，人们不能再简单地致力于打造多个传感器，然后将其数据联网到一个集中的数据融合中心，并根据集中的分析做出决策。态势评估结果总会存在不确定性，正在催生出通过实时传感器管理系统进行数据采集的模式。该方面内容将在第 8～10 章中详细讨论。

传感器管理方式转变的原因很大程度上是由于缺乏明确对手（非对称战争）造成的，在第 1 次抵消战略和第 2 次抵消战略期间，美国的处境就是典型例子。这需要将复杂度从平台转移到传感器网络，此外，信息分发能力实现了传感器与平台的解耦，重要的不是平台，而是平台可以提供的信息。为了有效地进行传感器管理，必须根据传感器对任务的贡献度评估其实际使用价值，而不仅仅是根据传感器所在的平台来评估。尽管最理想的状态是让所有用户都可以获取所有传感器获得的全部信息，但通信带宽不足以广播所有信息，而且也没有足够数

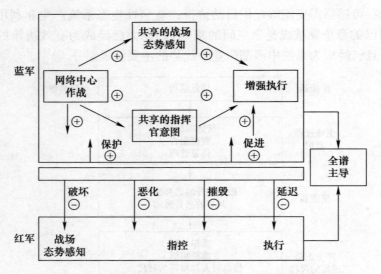

图 2.5 以信息优势实现网络中心战全谱优势[18]

量的传感器来采集所有信息。因此,需要从信息推送(information push)向信息拉取(information pull)转型,网络仅用于传输有价值的及时信息。其中某些信息会被认为对所有参与者都有价值,此时就可以将这些信息分发到网络中易于访问的位置上。当这些数据未执行有价值任务时,后台处理程序会保持这些数据的最新状态。

美军对手与美军之间非对称性必然导致以下结论,即单纯对物理世界的感知不再足以应对威胁,必须将硬传感器(物理测量)和软传感器(通常被认为是人类产生的数据)集成在一起。传统上,传感器会测量世界的物理属性。物理传感器可以提供物理态势评估,但不能提供态势感知。态势评估可以确定态势是什么,但是需要态势感知来确定态势产生的原因,并据其推断出对手的意图。也就是说,从环境中获取信息以便为决策者提供有价值的态势评估时,也必须包括社交感知和赛博感知。如前文在电网控制数据采集与监视控制系统例子中所述,该系统容易遭受网络攻击。尽管对关键基础设施的网络攻击本身并不会导致战斗失败,但会削弱己方的防御能力,并导致己方不得不从实际冲突中撤出部分资源。也就是说,除了物理世界之外,还必须感知社交和网络世界的状态。

第 7 章将讨论与海军 MQ-4R"海神"(Triton)无人机相关的传感器系统和传感器管理。它代表了传感器管理和网络中心战的最前沿技术发展水平。第 7 章包括 MQ-4R 无人机从资产部署到特定战场再到执行具体任务过程中的资源管理(仅涉及非密部分)。

参考文献

[1] U. K. Royal Air Force, "Chain Home," February 5, 2013. http://media.iwm.org.uk/iwm/mediaLib//36/media - 36281/large.jpg. Accessed April 7, 2019.

[2] Hough, R., and D. Richards, The Battle of Britain, New York: W. W. Norton and Company, 1989.

[3] U. S. National Park Service, "Opana Radar Site," August 29, 2017. https://www.nps.gov/articles/opana - radar - site.htm. Accessed April 7, 2019.

[4] Bier, S. G., P. L. Rothman and R. A. Manske, "Intelligent Sensor Management for Beyond Visual Range Air - to - Air Combat," Proc. IEEE National Aerospace Electronics Conference (NAECON), Dayton, OH, 1988.

[5] Hintz, K. J., and E. S. McVey, "Multi - Process Constrained Estimation," IEEE Transactions on Systems, Man, and Cybernetics, Vol. 21, No. 1, 1991, pp. 237 - 244.

[6] Yilmazer, N., and L. A. Osadciw, "Sensor Management and Bayesian Networks," Proceedings of SPIE, Vol. 5434, 2004.

[7] Skolnik, M., "Improvements for Air - Surveillance Radar," Proceedings of the 1999 IEEE Radar Conference. Radar into the Next Millennium, Waltham, MA, 1999.

[8] Caine, P. D., "Project Igloo White," January 10, 1970. http://www.dtic.mil/cgi - bin/GetTRDoc? Location = U2&doc = GetTRDoc.pdf&AD = ADA485166.

[9] Markham, B. L., et al., "Landsat Sensor Performance: History and Current Status," IEEE Transactions on Geoscience and Remote Sensing, Vol. 42, No. 12, 2004, pp. 2691 - 2694.

[10] Musick, S. H., "Defense Applications," inFoundations and Applications of Sensor Management, New York: Springer, 2008, pp. 257 - 268.

[11] Sourwine, M. J., and K. J. Hintz, "An Information Based Approach to Improving Overhead Imagery Collection," Proceedings SPIE 8050, Orlando, FL, 2011.

[12] Chong, C. - Y., and S. P. Kumar, "Sensor Networks: Evolution, Opportunities, and Challenges," Proceedings of IEEE, Vol. 91, No. 8, August 2003, pp. 1247 - 1256.

[13] Nishimura, C. E., and D. M. Conlon, "IUSS Dual Use: Monitoring Whales and Earthquakes Using SOSUS," Journal of the Marine Technology Society, Vol. 27, No. 4, 1994, pp. 13 - 21.

[14] Congressional Research Service, "Electric Grid Cybersecurity," U. S. Government, Washington, D. C., 2018.

[15] Wikipedia, "Offset Strategy," Wikipedia, March 15, 2019. https://en.wikipedia.org/wiki/Offset_strategy. Accessed August 4, 2019.

[16] Grier, P., "The First Offset," Air Force Magazine, June 2016, pp. 56 - 60.

[17] Hagel, C., "Secretary of Defense Speech," November 15, 2014. https://dod.defense.gov/News/Speeches/Speech - View/Article/606635/. Accessed April 4, 2019.

[18] Alberts, D. S., J. J. Garstka, and F. P. Stein, Network Centric Warfare: Developing and Leveraging Information Superiority, 2nd ed., Washington, DC: CCRP Publication Series, 2000.

第 3 章
传感器管理的固有问题

3.1 传感器管理的间接问题

传感器管理通常被视为一种不可能实时解决的约束条件下的最优化问题。本章介绍构成该问题空间基础的一些混杂问题和相互作用的非线性问题。讨论的框架是把传感器视为将数据从真实世界传送到信息抽象层的一种手段,信息抽象层改善了供决策者使用的真实世界数学模型。在这个框架下,可以讨论物理世界、社交世界和赛博世界以及这些世界的模型、传感器和从收集的数据中提取信息。数据融合和信息提取以及集中数据融合和分布数据融合之间的区别等问题在本章不做详细讨论,这些问题可参考文献[1-5]和技术文章(见 http://isif.org/publications/publications)。同时必须指出,"数据融合模型并不涉及传感器资源管理的实际目标[6]"。

在讨论传感器管理相关技术问题之前,需要注意的是,政治因素将导致传感器管理的技术方案变得复杂化。这些政治因素源自传感器的所有者与机构用户的冲突,这些机构希望从传感器中获取信息来改进其对世界的评估。这些传感器提供的数据可用于减少对敌方能力或意图的不确定性。通常有多个情报机构可以向传感器的所有者提出请求,而且似乎没有明确办法对这些请求的价值高低做出判断,这是因为它们都位于政府的最高层。有些请求是战术性的,需要立即做出回应;有些则是时间跨度更长的战略性请求;还有些请求拥有更高的价值,至少在申请者心目中是如此。第 9 章除了使用任务目标栅格来评估信息请求的价值外,我们还讨论了任务目标栅格的概念,及其用于确定请求者相对价值的潜在用途。这个问题的根源是物理世界的基本限制,即没有足够的传感器时刻观察所有的物理过程。在赛博世界和社交世界中,问题的根源在于数据太多,没有足够的计算能力处理这些数据(即数据丰富、信息贫乏的环境)[7]。

另一个政治困难在于消费者向提供者提出请求的方式。显然，资源的所有者应该最清楚如何将任务分配给这些资源，但目前的模式是由消费者指定资源来获取其所需的数据[8]。由消费者决定数据源方法给提供者增加了不必要的人工约束，如果能用其他形式表示，他们在要求的分辨率或准确度的情况下能满足更多请求，如使用国家图像可解释性等级表（NIIRS）、对信息请求的相对价值和及时性要求进行量化。更多有关国家图像可解释性等级表的信息可参考第8章8.3.7小节。这些问题既是历史问题也是文化问题，无法通过技术手段解决。但是，任何从事传感器管理的人都需要意识到这些问题[9]。

3.2 多学科问题

与许多工程领域内有清晰定义且方案经得起检验的技术问题不同，传感器管理跨越多个领域，而且许多问题出现在学科交接处。从历史上看，传感器管理的方法一直是"点"解决方案，局限于问题的确切范围和定义。由于范围限制，如维护一个铁路系统、电网系统或导弹防御系统等，可以很轻松地确定传感器和监控系统。多数情况下可为系统设计足够的带宽，使通信没有限制，然后只需要预留好与系统不断扩展和升级相关的改进。在常规的 ISR 环境中，多学科不仅共存，而且将赛博、社交和物理测量等现实世界转化到态势评估中需要合作。社会科学家、信息技术（IT）专家、计算机科学家、数学家和工程师需要将各自专业结合起来，形成多学科复杂动态难题的综合解决方案。当传感器管理仅限于对物理过程的感知和状态估计，如探测、跟踪和识别飞机或船舶时，难度会小得多。因为这些过程有基于物理的运动学模型，但社交世界和赛博世界没有这样的数学模型，且这两个世界还在不断发展。因此，文献[10]提出了一种超越各个学科的本体论，以确保存在一种通用的语言和方法将信息从一个领域转移到另一个领域，以及组合不同的数据源来提取单独在任何一个领域都无法完成的信息融合。例如，使用本体论来描述海域概率性是本体语言的概率扩展（PR－OWL），它依赖于多实体贝叶斯网络（MEBN）[11]。本体语言概率扩展（PR－OWL）在当前的语义 Web 本体语言（OWL）中加入了新定义，同时保持与基本语言的向后兼容性。由于本体语言概率扩展是基于贝叶斯框架，因此它在语义网上为似然推理服务提供了基础。多实体贝叶斯网络不仅代表语境，而且还将世界定义为由具有属性的实体及其之间的概率关系所组成的世界。

本体是对一个领域内共享概念的正式、详尽的规范[10]。至今还没有满足传感器管理所有需求的单一本体。例如，描述语境的本体论，如果没有语境，就很难理解某次观测的意义,而且缺乏语境会限制从感知行动中获得的信息量[12]。如图 3.1 所示,在基于语境的通用框架中,一种方法是将语境划分为外部语境、接口语境和内在语境 3 种基本类型[13]。这样做是为了用可实现的常规格式来表示语境信息,便于公共语境表示、语境匹配和语境推理[13]。语境有多种定义,参考文献[13]中列出了 16 种。其中一种最普遍和最全面的定义是:"可用于描述一个实体情况的任何信息。实体是指与用户和应用程序之间的交互相关的人、地点和对象,包括用户及应用程序本身[14]。"在研究本体论时,人们已经接受使用语义网的技术和工具,包括网络本体语言(OWL)、可扩展标记语言(XML)、统一建模语言(UML)和资源描述框架(RDF)。其他常见的开发工具包括 OntoEdit[15]、WebOnto[16]和 Protege[17]。

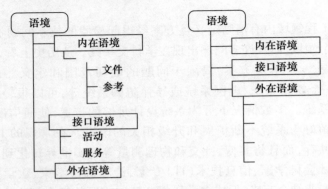

图 3.1 3 类语境标识符[13]

"点"解决方案的一个主要问题是难以从一个有限问题扩展到一个更大的问题以及从一个领域扩展到另一个领域。随着传感器和/或平台数量的增加,这种方法要么失效要么计算上不可行。改善可扩展性的一种方法是打破从传感器到评估的流水线处理,将所有数据都记录到一个数据库中,由一套通用系统来处理[18]。可扩展性不仅是在协调的个资源方面问题,而且在一些更局限问题中也是如此,例如用于目标跟踪的传感器融合的数学方法,随着规划范围的增加,多假设跟踪会导致假设数量无限增长[19-20]。

3.3 无源传感器问题

为了不让对手发现或截获我方感知平台,通常控制辐射(EMCON)是完成任务的关键。要想实现辐射控制,不仅要限制或减少通信,而且必须选择传感器或传感器的工作模式,使其辐射的能量不被检测到,或传感器必须以不会达到可检测的雷达散射截面积(RCS)的方式进行隐身。除通信情报(COMINT)接收机外,如果有足够的基线,例如从合作飞机上获得的无源电子支援措施(ESM)的截获信息,可对辐射目标进行无源定位。正如后面讨论的伪传感器,这种方法的难点是测量的同步性以及相对于目标距离有足够长的基线,以便根据信息需求将椭圆概率误差降低到可接受的水平。

3.4 有源传感器问题

除非以低截获概率(LPI)模式工作;否则有源传感器暴露传感器平台本身信息的可能性要远大于获取目标信息的可能性。假设这种有源传感器是宽波束雷达而不是窄波束的激光雷达(LIDAR),那么敌方的电子支援措施设备就可以无源地检测并跟踪有源传感器。由于雷达信号传播到目标并经目标反射回雷达,能量以 $1/R^4$ 损失,而电子支援措施接收机只有单程损失,即 $1/R^2$。因此,如果假设电子支援措施接收机的灵敏度与雷达接收机的灵敏度相同,则电子支援措施接收机在远超雷达探测范围仍能检测并跟踪有源信号。

3.5 虚拟传感器、异构传感器和伪传感器问题

虚拟传感器是一种能实时重构以改变工作频率或工作模式的物理传感器,它的出现增加了传感器管理的复杂性[21]。波形/自适应波束形成捷变雷达和适应观测的智能传感器是两个可重构的例子。这种灵活性要求从单传感器调度转变为单传感器多功能管理。采用管理这个词是因为虚拟传感器能根据自己的工作方式提供不同类型的信息。最简单的例子是利用多普勒处理对目标测速,不仅可以估算目标位置时间序列,还可估算出目标的速度矢量。需要注意测速(目标相对传感器的速度)和目标速度之间的差异,后者是对目标速度和方向的估计。

如图 3.2 所示,除虚拟传感器外,还可对来自独立工作的不同传感器的数据进行融合[22]。为了提取信息,对数据进行融合之前必须将一个或两个传感器的测量结果进行时间对准。如果传感器不同且在不同平台上,那么传感器位置的不确定性及其地理定位系统的准确性(即传感器配准问题)会增大数据融合的难度。如果传感器是非对等类型(即来自不同的领域,如物理域、社会域或网络域等),会进一步加剧数据融合和信息提取的难度。相较社会域传感器的自然语言处理,物理数据信号的处理速度更快,而且在可用的海量社交网络数据中找到正确的社交数据也更为困难[23]。

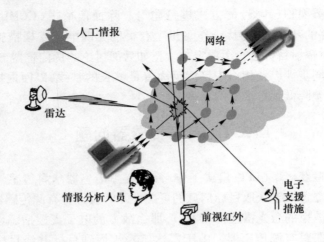

图 3.2　跨域伪传感器草图[22]

多传感器协同调度的部分问题可通过使用伪传感器来解决。目前伪传感器有几种用途。例如，雷达及红外搜索与跟踪（IRST）综合系统的一种管理方法是关闭雷达，仅使用红外搜索与跟踪系统进行目标跟踪[24]。该过程使用的伪传感器涉及对多个几乎同时观测的传感器进行调度[25]。

3.6　世界模型

世界模型是传感器管理不可或缺的一部分，传感器向该模型提供从数据中提取的信息。世界模型非常重要，因为决策者无法看到真实世界，而只能看到真实世界的数学表示，这些数学表示是综合感知行动的结果。决策者必须使用这种不完美的世界模型来作出决定。这种模型的不完善程度（如战争迷雾）直接影响决策的有效性。传感器管理涉及多种模型，这取决于传感器是否要测量世界的物理域、社会域或网络域，这里将重点放在态势评估而非态势感知相关域上，前者是世界的"什么"，后者是世界的"为什么"。态势感知不在本书讨论范围内。一般而言，世界模型可以分为确定性模型和随机性模型，但更重要的是，它们可以根据传感器系统对世界的先验信息量进行分类。这些信息量涵盖了从物理过程的线性或非线性运动模型，到社交连通网络（图），再到训练数据，最终到最低层级的先验信息，即在不知道要找什么的情况下假设数据存在固有模式。对可用信息的解析如图 3.3 所示，这些信息是从数据中学来的，而其他模型可以从相关的物理量中推导出来[26]。

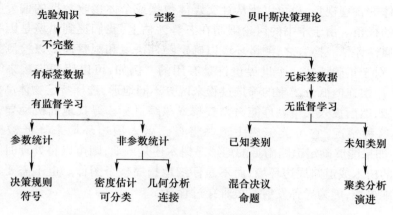

图 3.3 基于先验知识量的世界模型方法分类[26]

3.6.1 物理模型

对物理世界的测量必然受到测量过程中的不确定性以及过程本身的不确定性限制。物理过程的最常见概率模型是卡尔曼滤波器,更准确地说,是卡尔曼状态估计器[27]。卡尔曼滤波器是存在高斯分布测量噪声和高斯分布动力学(过程噪声)情况下的最优、线性、无偏的状态估计器。由于很多文献详细描述了卡尔曼滤波公式,因此本书不再赘述(在第 8 章给出基本方程)。卡尔曼滤波自提出后取得了许多进展,包括简单扩展到非线性过程、扩展型卡尔曼滤波等[28]。此外,也有一些虽然没那么有效但更简单的统计模型可以用于估计过程的状态,如 $\alpha-\beta$ 滤波器。这些模型在计算上比较简单,但没有考虑底层过程的动态,因此,无法对过程状态做出精确估计。

大量数据本身也会带来困难,例如在社会域和赛博域可获得的数据,因为可能无法获得训练数据,所以必须使用无监督学习方法对世界进行学习。机器学习试图在数据中找到固有模式,这些模式可以用来识别与其中一个固有模式相似但不完全相同的未知对象。机器学习假设没有基础对象模型,因此无法有效地识别人类认为是相同的对象。

3.6.2 语境

语境是世界模型一个越来越重要的方面。对世界模型而言,语境可用于应用域和视角这两个不同方面。不同的用户应用可能接收相同的数据或提取的信息,但根据用户的权限或其所扮演的角色(如分析员、传感器网络性能监视人员或决策者),对信息或数据的处理是不同的。视角既可以指从某个地点无法观察到物体的物理视角,也可以指从社交媒体数据或个体接收数据的偏爱中推断出结果的视角。由于本书的讨论限制在态势评估上,我们提到语境是因为它影响环境属性评估。换言之,测量环境以确定物理语境和观察环境以检测某个对象一样,对于正确评估一个世界也许是有用的。例如,可以用两步法来筛选图片,首先用快速但低分辨率的筛选过程来区分不同地形,选择特定物体高概率出现的区域,然后投入大量处理能力来查找或跟踪目标。寻找地面机动导弹发射车就是这种情况,它可能偏离主道并将自己融入周边环境来降低被探测概率[29]。如果能够确定道路附近的地形是树木还是草地,则可以将处理时间放在道路边的树木或道路周边环境,而不是仔细地扫描整个图像。也不需要在森林区域仔细寻找,因为导弹发射车很难穿过森林。

3.6.3 概率模型

从更高层面来说,将来自异构传感器系统的不同类型数据进行整合需要一个概率模型,该模型与提供数据的具体传感器无关。主要有两种概率系统模型:一种是与证据推理有关的D-S信任函数[30-31];另一种是贝叶斯网络[32]。

D-S证据理论模拟了人类将信任度量分配给假设(也称命题)组合而非单个假设的方法。贝叶斯网络为单个假设分配概率(这需要有一套完整的假设以便将总概率加起来等于1),D-S证据理论将证据(称为概率质量)同时分配给单个假设和组合假设。可通过为命题分配初始概率质量的方式来整合先验知识。当命题互斥时,D-S证据理论与贝叶斯网络等价。

对比D-S证据理论和贝叶斯网络在目标识别场景中的收敛时间,即使存在丢失报告和不相关报告,使用概率理论的贝叶斯网络也比D-S证据理论具有更快的收敛速度[33]。

贝叶斯网络是一个局部世界的概率模型,与马尔可夫随机场(MRF)所使用的无向图模型相反,是一个由节点和边组成的定向非循环图模型(DAG)。贝叶斯网络是贝叶斯定理的实现形式,后者以图的形式来表示世界实体(节点)间的条件概率关系。这些关系并不局限于世界的物理模型,可以是物理、社交和网络实体的关系。网络各个节点间的关联是它的概率分布,这样在任何时候人们都能知道该节点所代表事件的当前估算概率。由于贝叶斯网络中每个节点都是条件概率分布,仅依赖与其相连的节点,所以其表达式比联合概率分布的详尽列表要简单得多,后者将世界模型中所有实体与其他实体全部关联起来。图3.4给出了一个贝叶斯网络示例,显示了与节点相关的所有条件概率[34]。这是一个可从一组数据中导出的非因果贝叶斯网络,不用考虑任何因果关系,而因果关系通常用于机器学习。第10章将详细讨论贝叶斯网络在基于信息的传感器管理

（IBSM）中的应用。

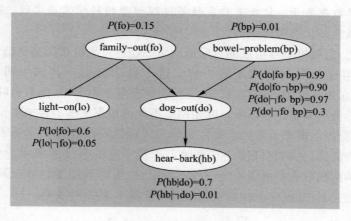

图 3.4　贝叶斯网络示例[34]

与因果贝叶斯网络相排斥的另一种网络是非因果贝叶斯网络，图 3.5 展示了一个简单例子[35]。在图 3.5 中，下雨导致地面湿滑，但在图 3.4 中，狗外出不会引起吠叫。在传感器管理中，因果贝叶斯网络更有用，因为它们可以将网络规模缩小到这些节点，而这些节点是因果相关的，不只是简单地通过关联来相关。由于存在因果关系，因此当环境的配置发生变化后，因果网络无需重新训练。可以将变动的节点以及与之相关的所有因果关系都删除。当添加新节点时，只需将与其存在因果关系的节点和条件概率表（CPT）联系起来，而条件概率表仅包含因果节点。

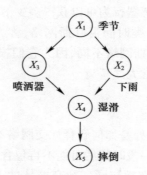

图 3.5　显示 5 个变量因果关系的因果贝叶斯网络[35]

因果贝叶斯网络中与传感器管理相关的一个重要组成部分是区分偶然节点（aleatory）和认知节点（epistemic）[33]：

偶然可变性是自然随机过程。对离散变量而言，随机性是用各个可能数值的概率参数化表示。对连续变量而言,随机性是用概率密度函数参数化表示。认知不确定性是过程模型的科学不确定性,这是由于数据和知识有限造成的。

换言之,由随机节点组成的贝叶斯网络不能通过测量来提高其确定性,而由认知节点组成的贝叶斯网络则可以。这个概念被引入到因果贝叶斯网络中[35-36]。在相互作用的物理、社交、赛博实体的复杂世界中,因果贝叶斯网络是非常有用的概率模型。非因果贝叶斯网络不允许根据其他事件来确定某个事件的概率,仅能提供概率分布的准确性。因果贝叶斯网络允许积累用于确定随机变量数值的证据,从而允许使用它来确定依赖于它的事件的概率为单一数值。这种认知结构在数学上可表示为一种不确定性,可将其添加到节点间的线性或非线性函数关系中,就像下面带有附加随机变量 u_i 的线性关系一样

$$x_i = \sum_{k \neq 1} \propto_{ik} x_k + u_i \quad i = 1, 2, \cdots, n \tag{3.1}$$

x_i 是感兴趣的认知节点值,因为其不确定性可通过重复测量来提高精度,从而减少由随机加性分量 u_i 带来的不确定性。

此外,因果贝叶斯网络可修改成时间因果贝叶斯网络,后者的不确定性因潜在(未知)变量的动态性而随时间变化[37]。这种增加不确定性的时间模型可导致使用何种传感器对过程进行测量的选择不同,该过程取决于何时对其进行测量[37]。这个过程直接类似于卡尔曼滤波中的过程模型及其加性过程噪声,该过程模型通常包含过程动力学中的未建模变量(如飞行员对飞机的控制输入)。第 10 章将讨论的因果贝叶斯网络是基于信息的传感器管理的一个基本组成部分,因为其能够预测通过传感器行为可以获得多少信息量,并用全体贝叶斯网络熵的减少来衡量。还有另一类时间贝叶斯网络,称为动态贝叶斯网络(DBN),但它们在结构上与时间贝叶斯网络不同,因为它们根据网络的时间级数创建额外的节点,而且可发展到非常大[38-40]。

3.6.4 社交网络模型

感知社交网络的困难之处是如何解释社交网络不断变化特征。社交网络可能变化很大,以至于网络在一段时间后可能不再包含该网络的原始成员[41]。社交活动可以被感知,但只能在参与同一社交群体的人际网络语境下加以解释。自然语言处理(NLP)只是问题的一部分,同时也存在与持续连接、传统连接、新连接的检测和引入等相关的问题[42]。使用因果贝叶斯网络的好处是它们不需要知道概率信息的来源,而且只能预测因果关系和可通过传感器测量降低不确定性的认知变量。

3.7 运用问题

与传感器管理相关的运用问题包括事件前的传感器位置规划(提供目标最小不确定性估计的位置[43])、传感器动态重新定位(如第7章所讨论的无人机在观察机遇目标的任务期间改变飞行路径)、对手传感器的扰乱(如干扰和杂波)和欺骗(如转发干扰)、传感器与分析人员间的通信限制[44]。在低通带宽环境下,需要分散式的传感器数据融合方法[45]。其他运用上的问题包括部分传感器(如卫星)重新定位需要很长时间。卫星重新定位也会带来另一个问题,即需要消耗燃料,因此在确定新数据是否值得时,必须对新信息的价值进行评估。实时传感器管理的最终结果是需要获得令人满意的解决方案[46]。要获得令人满意的解决方案,需要搜索现有的可选方案直至达到可接受的阈值,尽管该方案可能为非全局最优的解决方案,但它已足够好。

3.7.1 短视调度

术语"短视"应用于传感器管理中,至少有两种含义。第一种:"短视策略指的是传感器管理员只考虑单个传感器的应用带来的好处[47]。"第二种:短视也可用于确定谁拥有下一个最佳采集时机(BNCO),而不考虑与将要进行测量的传感器无关的后续动作。虽然两者在计算上是可行的,但它们也有局限性,即没有考虑可能会在实现任务目标方面取得更优结果的后续行动。用著名的旅行推销员问题来类比,它只能通过穷尽搜索所有可能的路线才能找到正确答案。短视手段是前往最近的那个城镇,而不考虑该城镇与其他城镇的距离。后一种方法虽然计算起来容易得多,但不能保证获得一个全局最优的搜索顺序,使得在需要访问所有城镇时实现城镇之间的最短路径。

解决短视和非短视之间的性能退化界限问题的方法如文献[48]所述:

利用这个观点,威廉姆斯等在文献[49]中指出,测量规划的贪婪序列方法确保在最优多级选择方法的1/2范围内执行,而且这个界限与规划周期的长度无关,非常灵敏。文献[49]的显著结果意义重大,因为它们为计算上更加简单的短视策略提供了理论依据,并为设计人员提供了一个工具,用以衡量短视策略相对最优、但难以解决的多阶段策略的预期损失。

如第9章中所讨论的,在许多情况下,短视的解决方案是令人满意的。

许多操作问题都是围绕信息需求及其与传感器管理的关系。尽管信息(即传感器环境的随机变量的不确定性变化)在文献[50-53]中可能没有详细阐述,但它大力推动了传感器管理的发展。对信息的需求常常隐藏在启发式目标函数中。在第 8~10 章将介绍基于信息的传感器管理系统(IBSM)的设计,该系统的核心是明确的测量和使用信息度量来管理异构传感器系统。

在规划传感器管理调度时,还必须考虑错失时机的可能性。对空中资源而言,环境因素起着很大的作用,即使传感器在正确的时间出现在正确的位置,云层覆盖也可能导致无法对地面目标进行有效的观测。有时人们应该把所有的鸡蛋都放在一个篮子里,用多个冗余传感器进行过采样。所有这些都需要考虑通过实施一次采集机会所获得信息的价值。这自然会导致对传感器管理的全局考虑需求,即基于信息的传感器管理的目标函数,详见第 9 章。

3.7.2 传感器管理目标函数

目标函数有很多名称,包括性能测量(MOP)、绩效指数(PI)、效能指数(IE)、品质因数(FOM)、工作效能(OE)、价值、效用、成本、成本效益比、效能量度(MOE)[54]。总之,没有一种测量方法能够满足所有的应用要求,表 3.1 中简要总结了各种测量方法的部分特性。

表 3.1 传感器管理系统的若干性能指标对比

目标函数	组成部分	方法	单位	参考
预期信息价值率 (EIVR)(第 9 章)	信息、任务值、时间	基于信息	b/s	第 9 章 [55]
绩效指数	有限集统计	多目标 Kullback – Liebler 判别函数的最大化	无,数据 归一化	[56]
加权算术平均, 效能量度(MOE)	非相称成分	—	无,数据 归一化	[54]
效能量度	效率、效力、效能、努力程度、 信息增益、质量、鲁棒性	信息增益、质量、鲁棒性	无	[57]
多目标优化(MOO)	隐身需求、通信问题、 状态估计误差、目标检测、 功耗及传感器生存能力、 目标分类	极小极大,任意加权分量	无	[58]
协方差控制	状态估计	最小化特征值和传感器需求	m	[59]

其中许多测量方法是启发式的,且与任务有效性相关,而不是直接衡量传感器管理的性能或传感器性能本身。常见的目标函数是预期结果的加权累加或加权算术平均(WAM)。

$$\text{WAN} = \sum w_i d_i \tag{3.2}$$

式中：d_i 为性能某些方面的期望度量；w_i 为分配给该性能特性的权重。这种方法有两个问题：一是性能度量通常与不同度量单位不相称，因此需要以某种方式将它们参数化，使之成为无量纲格式[58]；二是在主题专家或决策者的任何会议上，有多少人参与权重分配决定就有多少种不同的权重分配。这种方法的整个过程如图3.6所示[54]。

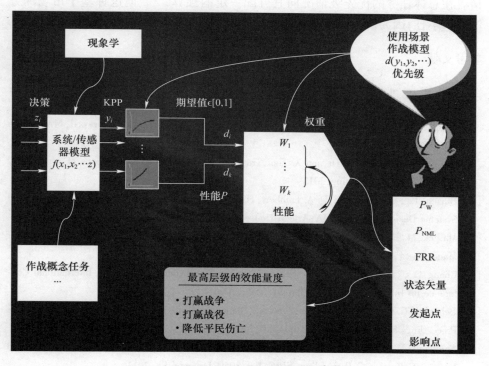

图3.6 加权性能测量的发展过程[54]

在所有性能指标中，对传感器管理系统最重要的指标是信息获取[48,60]。在第8章中将对此进行展开，这里简单列举各种信息度量，如费舍尔、Rényi、Kullback–Leibler、香农熵和互信息[61-66]。所有这些信息度量都可以归结为Rényi差异或表示为Rényi散度。Rényi散度已被用于粒子跟踪滤波器，且其性能可与其他方法相媲美[67]。Rényi散度最早是在1981年以熵的形式用于传感器管理，或用于搜索资源分配，以便确定最佳搜索顺序并计算搜索工作量[68]。它还用于双频段多目标跟踪雷达的目标跟踪选择[69]。

其他性能测量是基于决策理论(DT)以及测量结果如何影响其他资源分

配[6,70-71]。有些测量是基于跟踪目标的误差协方差[59]和集中化程度以及启发式内容的程度[72]。在多传感器多目标跟踪领域,通过将目标的危险程度与 Kullback-Leibler 判别增益相结合,以此来确定感知资源的最佳利用[73]。同时也有人提出一种基于多目标决策分析的传感器管理决策理论方法,其中的目标函数不仅包括跟踪性能或目标识别,还包括使用与武器管理相关的信息[6]。多目标优化的另一种方法是使用传感器管理市场架构(MASM),根据每个资源申请者在总体任务的优先级情况向其分配一定的预算[74]。但这种基于市场的方法效果不佳,因为协商用哪个传感平台来观察目标需要消耗大量时间和带宽。

参考文献

[1] Hall, D., et al., Distributed Data Fusion for Network-Centric Operations, Boca Raton, FL: CRC Press, 2012.

[2] Mahler, R. P., Statistical Multisource-Multitarget Information Fusion, Norwood, MA: Artech House, 2007.

[3] Bar-Shalom, Y., P. Willett, and X. Tian, Tracking and Data Fusion, a Handbook of Algorithms, Storrs, CT: YBS Publishing, 2011.

[4] Blasch, E., E. Bosse, and D. A. Lambert, High-Level Information Fusion, Management and Systems Design, Norwood, MA: Artech House, 2012.

[5] Mallick, M., V. Krishnamurthy, and B.-N. Vo, Integrated Tracking, Classification, and Sensor Management, New York: Wiley, 2013.

[6] Chong, C., "Decision-Theoretic Sensor Resource Management," 2006 9th International Conference on Information Fusion, Florence, Italy, 2006.

[7] Schaefer, C. G., and K. J. Hintz, "Sensor Management in a Sensor-Rich Environment," Proceedings SPIE, Vol. 4052, Orlando, FL, 2000.

[8] Sourwine, M. J., and K. J. Hintz, "An Information Based Approach to Improving Overhead Imagery Collection," Proceedings SPIE, Vol. 8050, Orlando, FL, 2011.

[9] Gaetke, M., "Crossing the Streams, Integrating Stovepipes with Command and Control," Air and Space Power Journal, Vol. 28, No. 4, 2014.

[10] Gruber, T. R., "A Translation Approach to Portable Ontology Specifications," Knowledge Acquisition, Vol. 5, No. 2, 1993, pp. 199-220.

[11] Laskey, K. B., "MEBN: A Language for First-Order Bayesian Knowledge Base," Artificial Intelligence, Vol. 172, No. 2-3, 2008, pp. 140-178.

[12] Mostefaoui, G. K., J. Pasquier-Rocha, and P. Brezillon, "Context-Aware Computing: A Guide for the Pervasive Computing Community," IEEE/ACS International Conference on Pervasive Services, Beirut, Lebanon, 2004.

[13] Zainol, Z., and K. Nakata, "Generic Context Ontology Modelling A Review and Framework,"

2010 2nd International Conference on Computer Technology and Development, Cairo, Egypt, 2010.

[14] Dey, A. K., G. D. Abowd, and D. Salber, "A Conceptual Framework and a Toolkit for Supporting the Rapid Prototyping of Context – Aware Applications," Human – Computer Interaction Journal, Special Issues on Context – Aware Computing, Vol. 16, 2001, pp. 97 – 166.

[15] Semafora, "Semafora Semantic AI," 2018. http://www.semafora-systems.com/en/.

[16] Knowledge Media Institute, "Webonto Technology Full Details," Knowledge Media Institute, 1998. http://kmi.open.ac.uk/technologies/name/webonto.

[17] Stanford, "Protege," Stanford University, 2016. https://protege.stanford.edu. Accessed April 28, 2019.

[18] Walls, T. J., et al., "Scalable Sensor Management for Automated Fusion and Tactical Reconnaissance," Proc. SPIE 8756, Multisensor, Multisource Information Fusion: Architectures, Algorithms, and Applications 2013, Baltimore, MD, 2013.

[19] Blackman, S. S., "Multiple Hypothesis Tracking for Multiple Target Tracking," IEEE Aerospace and Electronic Systems Magazine, January 2004, pp. 5 – 18.

[20] Kim, C., et al., "Multiple Hypothesis Tracking Revisited," 2015 IEEE International Conference on Computer Vision (ICCV), Santiago, Chile, 2015.

[21] Zhou, L., et al., "Study on Algorithms of Sensor Mode Management," Proc. of the 2006 IEEE International Conference on Information Acquisition, Weihai, Shandong, China, 2006.

[22] Hintz, K. J., et al., "Cross – Domain Pseudo – Sensors in IBSM," 21st International Conference on Information Fusion, Fusion2018, Cambridge, UK, 2018.

[23] Clark, A., C. Fox, and S. Lappin, Handbook of Computational Linguistics and Natural Language Processing, London, U. K.: Wiley – Blackwell, 2010.

[24] Hu, S. – Q., and Z. – L. Jing, "Sensor Management in RADAR/IRST Track Fusion," Proceedings of the SPIE, Vol. 5430, 2004, pp. 173 – 218.

[25] Hintz, K. J., and S. Darcy, "Cross – Domain Pseudo – Sensor Information Measure," 2018 21st International Conference on Information Fusion (FUSION), Cambridge, U. K., 2018.

[26] Blasch, E. P., et al., "Artificial Intelligence in Use by Multimodal Fusion," 22nd International Conference on Information Fusion (Fusion2019), Ottawa, Canada, 2019.

[27] Kalman, R. E., "A New Approach to Linear Filtering and Prediction Problems," Transactions of the ASME, Vol. 82, 1960, pp. 35 – 45.

[28] Gelb, A., Applied Optimal Estimation, Cambridge, MA: MIT Press, 1974.

[29] Stewart, C. V., et al., "Fractional Brownian Motion Models for Synthetic Aperture Radar Imagery Scene Segmentation," Proceedings of IEEE, Vol. 81, No. 10, 1993.

[30] Shafer, G., A Mathematical Theory of Evidence, Princeton, NJ: Princeton University Press, 1976.

[31] Dempster, A. P., "A Generalization of Bayesian Inference," Journal of the Royal Statistical Society, B, Vol. 30, No. 2, 1968, pp. 205 – 247.

[32] Kemp, M. C., "A Review of Sensor Data Fusion for Explosives and Weapons Detection," Proceedings of SPIE, Vol. 8710, Baltimore, MD, 2013.

[33] Abrahamson, N. A., "5: Aleatory Variability and Epistemic Uncertainty," http://www.ce.memphis.edu/7137/PDFs/Abrahamson/C05.pdf. Accessed January 20, 2018.

[34] Charniak, E., "Bayesian Networks without Tears," AI Magazine, Association for the Advancement of Artificial Intelligence, Winter 1991, pp. 50 – 63.

[35] Pearl, J., "Graphical Models for Probabilistic and Causal Reasoning," in Computing Handbook (Renamed), Third Edition, Volume 1, Intellligent Systems Section (A. Tucker, et al., eds.), Los Angeles, CA: Chapman and Hall/CRC, UCLA, 2014.

[36] Hintz, K. J., and S. Darcy, "Temporal Bayes Net Information & Knowledge Entropy," Journal of Advances in Information Fusion, Vol. 3, No. 2, Special Issue on Evaluation of Uncertainty in Information Fusion Systems, 2019.

[37] Pearl, J., and S. Russell, "Bayesian Networks," in Handbook of Brain Theory and Neural Networks, Cambridge, MA, MIT Press, 2001.

[38] Singhal, A., and C. R. Brown, "Dynamic Bayes Net Approach to Multimodal Sensor Fusion," Proc. SPIE 3209, Sensor Fusion and Decentralized Control in Autonomous Robotic Systems, Pittsburgh, PA, 1997.

[39] Li, C., M. Cao, and L. Tian, "Situation Assessment Approach Based on a Hierarchic Multi – Timescale Bayesian Network," 2nd International Conference on Information Science and Control Engineering, 2015.

[40] Kjaerulff, U., "A Computational Scheme for Reasoning in Dynamic Probabilistic Networks," Eighth Conference on Uncertainty in Artificial Intelligence, Stanford, CA, 1992.

[41] Spiliopoulou, M., "Evolution in Social Networks: A Survey," in Social Network Data Analytics, New York: Springer Science + Business Media, 2011, pp. 149 – 175.

[42] Hintz, K. J., and A. S. Hintz, "From Social Network Graphs to Causal Bayes Nets," 22nd International Conference on Information Fusion (FUSION2019), Ottawa, Canada, 2019.

[43] Qian, M., and S. Ferrari, "Probabilistic Deployment for Multiple Sensor Systems," Proc. SPIE 5765, Smart Structures and Materials 2005, San Diego, CA, 2005.

[44] Moran, B., S. D. Howard and D. Cochran, "An Information – Geometric Approach to Sensor Management," 2012 IEEE International Conference on Acoustics, Speech and Signal Processing (ICASSP), 2012.

[45] Hero, A. O., and C. M. Kreucher, "Network Sensor Management for Tracking and Localization," 2007 10th International Conference on Information Fusion, Quebec, Canada, 2007.

[46] Simon, H. A., Administrative Behavior: a Study of Decision – Making Processes in Administrative Organization, New York: Macmillan, 1947.

[47] Nedich, A., M. Schneider and R. B. Washburn, "Farsighted Sensor Management Strategies for Move/Stop Tracking," 2005 7th International Conference on Information Fusion, Philadel-

phia,PA,2005.

[48] Hero,A. O. ,and D. Cochran, "Sensor Management:Past,Present,and Future," IEEE Sensors Journal, Vol. 11,No. 12,2011,pp. 3064 – 3075.

[49] Williams,J. L. ,J. W. Fisher III,and A. S. Willsky, "Performance Guarantees for Information Theoretic Active Inference," Proc. of the Eleventh International Conference on Artificial Intelligence and Statistics,2007.

[50] Suzic,R. ,and L. R. M. Johansson, "Realization of a Bridge Between High – Level Information Need and Sensor Management Using a Common DBN," Proc. of the 2004 IEEE International Conference on Information Reuse and Integration,Las Vegas,NV,2004.

[51] Musick,S. H. ,and R. P. Malhotra, "Sensor Management for Fighter Applications," Air Force Research Laboratory,Wright – Patterson Air Force Base,OH,2006.

[52] Keithley,H. , "An Evaluation Methodology for Fusion Processes Based on Information Needs," Chapter 26 in Handbook of Multisensor Data Fusion,Boca Raton,FL:CRC Press,2008.

[53] Suzic,R. ,and L. R. Johansson, "Realization of a Bridge Between High – Level Information Need and Sensor Management Using a Common DBN," Proceedings of the 2004 IEEE International Conference on Information Reuse and Integration,2004.

[54] Rockower,E. B. , "Notes on Measures of Effectiveness and Addendum," Monterey,CA:Naval Postgraduate School,1985.

[55] Darcy,S. ,and K. J. Hintz, "Effective Use of Channel Capacity in a Sensor Network," 15th IEEE International Conference on Control & Automation (IICCA 2019),Edinburgh, U. K. ,2019.

[56] Mahler,R. P. , "Global Posterior Densities for Sensor Management," Proc. SPIE 3365,1998.

[57] Blasch,E. ,P. Valin,and E. Bosse, "Measures of Effectiveness for High – Level Fusion," 2010 13th International Conference on Information Fusion,Edinburgh,UK,2010.

[58] Page,S. F. ,et al. , "Multiple Objective Optimization for Active Sensor Management," Proc. SPIE 5813,Multisensor,Multisource Information Fusion:Architectures,Algorithms,and Applications 2005,Orlando,FL,2005.

[59] Kalandros,M. ,and L. Y. Pao, "Controlling Target Estimate Covariance in Centralized Multisensor Systems," Proc. 1998 American Control Conference,Philadelphia,PA,1998.

[60] Kreucher,C. ,A. O. Hero,and K. Kastella, "A Comparison of Task Driven and Information Driven Sensor Management for Target Tracking," Proc. of the 44th IEEE Conference on Decision and Control,Seville,Spain,2005.

[61] Aughenbaugh,J. M. ,and B. R. LaCour, "Metric Selection for Information Theoretic Sensor Management," 2008 11th International Conference on Information Fusion,Cologne,Germany, 2008.

[62] Kolba,M. P. ,W. R. Scott,and L. M. Collins, "A Framework for Information – Based Sensor Management for the Detection of Static Targets," IEEE Transactions on Systems,Man,and Cy-

bernetics – Part A:Systems and Humans,Vol. 41,No. 1,2011,pp. 105 – 120.

[63] Aoki,E. H. ,et al. ,"On the 'Near – Universal Proxy' Argument for Theoretical Justification of Information – Driven Sensor Management," 2011 IEEE Statistical Signal Processing Workshop(SSP),Nice,France,2011.

[64] Aoki,E. H. ,et al. ,"A Theoretical Look at Information – Driven Sensor Management Criteria," 14th International Conference on Information Fusion,Chicago,IL,2011.

[65] Bai,S. ,et al. ,"Information – Theoretic Exploration with Bayesian Optimization," 2016 IEEE/RSJ International Conference on Intelligent Robots and Systems(IROS),Daejeon,Korea,2016.

[66] Fogg,D. A. B. ,et al. ,"Resource Multipliers for ISR Assets," Information Sciences Laboratory,DSTO – GD – 0408,Edinburgh,South Australia,2004.

[67] Aughenbaugh,J. M. ,and B. R. La Cour,"Sensor Management for Particle Filter Tracking," IEEE Transactions on Aerospace and Electronic Systems,Vol. 47,No. 1,2011,pp. 503 – 523.

[68] Jaynes,E. T. ,"Entropy and Search Theory," First Maximum Entropy Workshop,University of Wyoming,1981.

[69] Hintz,K. J. ,Information Directed Data Acquisition,Charlottesville,VA:University of Virginia,1981.

[70] Mela,D. F. ,"Information Theory and Search Theory as Special Cases of Decision Theory," Operations Research,Vol. 9,No. 6,1961,pp. 907 – 909.

[71] Chong,C. – Y. ,"Decision – Theoretic Sensor Resource Management," 9th International Conference on Information Fusion,Florence,Italy,2006.

[72] Thunemann,P. Z. ,et al. ,"Characterizing the Tradeoffs Between Different Sensor Allocation and Management Algorithms," 2009 12th International Conference on Information Fusion,Seattle,WA,2009.

[73] Vanheeghe,P. ,et al. ,"Sensor Management with Respect to Danger Level of Targets," Conference on Decision and Control,Orlando,FL,2001.

[74] Avasarala,V. ,et al. ,"An Experimental Study on Agent Learning for Market – Based Sensor Management," 2009 IEEE Symposium on Computational Intelligence in Multi – Criteria Decision – Making(MCDM),Nashville,TN,2009.

第4章
传感器管理的相关问题

4.1 引言

第3章讨论了传感器管理中普遍存在且最重要的问题。本章将继续讨论传感器管理中存在的相关问题,与之前提出的传感器管理直接问题相比,这些相关问题是次要的,但也是不容忽视的。设计人员在设计和实现传感器管理系统时,应该注意这些与传感器管理间接相关的一些问题。由数据融合小组实验室联合主管 JDL - DFG 开发的传感器融合模型充分考虑了上述问题,该模型被公认为最全面的模型且被广泛接受。如图1.1所示,该模型是描述性的而非规定性的,但是它表明传感器资源管理通过所有层级的融合与多级数据、信息融合联系在一起。这些融合层级已经在第1章列出,本章不再重复。实际上是通过数据融合实现信息提取,由此生成传感器系统最终的期望输出,即态势评估。

4.2 融合相关问题

在数据融合中至少有四个问题会影响传感器管理,因为传感器的基本假设是世界的数学或本体表示在某种程度上是正确的,尽管存在不确定性。不确定性的4个因素是:①共同坐标系和来自不同平台的数据融合;②数据关联坐标系误差;③数据谱系;④数据准确性[1]。必须尽可能减少这4个方面的不确定性,以便开发和维持一个内部自洽的世界表示,并利用该世界表示进行任务决策和传感器管理决策。

4.2.1 通用参考框架及不同平台的数据融合

因为导航误差会增加传感器系统对状态测量的固有误差,所以传感器平台自身导航系统的误差会转变为数据融合系统的位置及速度测量误差。当将多个系统的带误差测量综合成一个数据融合状态估计时,会增大数据融合系统对目标状态估计的误差。其中,有的误差是由于物理限制(如波束宽度有限造成的角度不准确)带来的传感器系统误差;有的误差则是随机测量误差,可以用概率分布进行描述(如定时、平台的俯仰、滚动、平台的变形)。此外,还有一些误差是确定性的偏移误差(如校准误差、由于平台惯性造成的传感器物理偏移等)。传感器设计可以反映由物理原因导致的传感器精度限制。众所周知,传播误差通常可以通过传感器系统对环境的实时测量来补偿。传感器系统设计可以反映传感器与传感器平台导航系统的综合误差。通过校准可以将偏移误差最小化,有时可以在测量过程中进行校准,例如热成像系统,它可以同时扫描本地校准源和被观测目标从而实现校准。有些方法通过实时测量已知目标或机会目标来补偿偏移误差,有时也称为配准误差[2]。

除了众所周知的物理坐标系统误差和部署在非协同传感器平台的地理位置误差外,还存在自然语言带来的其他误差,如处理第一手情报报告(如人工情报、通信情报或公开情报)带来的误差。即使在有明显偏移误差的情况下,观测本身造成的人工情报误差也很难识别和补偿。不管有意还是无意,当一个人看到自己期望看到的而不是客观的报告观察到的东西时就会出现偏移误差。人为的偏移误差与前面描述的测量偏差是不同的。不仅在手段上很难识别这些人为造成的误差,而且在方法上也不太清楚如何对这些误差进行数学核算和组合。评估人工情报的置信程度有4类:①报告本身所记录的内部证据;②从此前情报来源收集到的统计数据中归纳出来的先验证据;③根据观察条件或情绪压力得到的态势证据;④由其他来源的证据证实的外部证据[3]。

同步多个合作情报收集平台(包括人工情报观察员)的观察结果通常是不可行的。时间上的不同步增加了不确定性,因为不同平台的观测结果必须外推到共同的时间以便进行融合。时间外推可视为经过滤波和平滑的数据,可以用卡尔曼滤波完成。但时间外推会增加不确定性,卡尔曼滤波器中误差协方差矩阵的增长证明了这一点。其他状态外推测量法可能无法得到其传播误差(作为公式的一部分)的估计值,因此无法知道或准确估计最终结果中的误差。

4.2.2 数据关联协调系统误差

数据融合中更困难的问题是数据关联,这是一个普遍存在的问题,因为它发生在数据融合模型的多个层面,包括0级的从观察到特征的赋值、1级的从观察到实体的赋值、2级的从实体到实体的关联、3级的从态势到参与者的目标[4]。如果观测到彼此接近的两个或两个以上的目标,很容易将一个交叉目标的观测错误地归因于另一个目标。这种从观测到实体的错误赋值会增大目标跟踪误差,甚至会导致丢失跟踪目标。例如,从空中平台对移动的地面目标持续监视因树木、建筑物或隧道等遮蔽现象中断,就会遇到以上问题。由于必须重新搜索、重新截获甚至可能重新识别目标,因此丢失跟踪目标会使传感器系统付出代价。将测量结果判定到错误的目标也可能导致人类的识别错误,导致操作人员将视觉传感器指向错误的目标,或将机动性归因于不具备机动能力的目标。

4.2.3 数据谱系

数据谱系的定义:"……一种附加到消息或节点间通信的信息,包括接收节点所需的任何信息,以便接收节点融合处理保持其形式和数学处理的完整性"[4]。没有信息来源的数据不仅会导致人们得出错误的结论,而且可能导致错误的态势评估,这可能是对手有意为之。对误差来源的错误归因会分散对重要目标的跟踪或对重要线索的关注。例如,两艘合作船只在靠近时交换了含有欺骗意图的自动识别系统(AIS)的标识符,那么跟踪平台将跟踪错误的船只。因此,有必要了解数据的来源和质量并保留所有的元数据。不仅必须要知道数据谱系,而且必须在增加额外信息或收到相关消息时将其保留下来[5]。当一个观察者重复或转发另一个观察者的观察结果时,谱系也有助于避免将一个观察结果重复计算为两个。

4.2.4 数据真实性

真实性(也称为信任度或置信度)是数据质量的重要部分,是对数据的不确定性或者对数据信任度的一种度量[6]。真实性是指数据中的偏差、噪声和异常,是衡量信息来源正确报告其所评估情况程度的指标[7]。不确定性不是指与该数据相关的概率分布,而是真实性以及它是否与其他数据相一致或者互相吻合。不能将真实性误解为正确性的量度。验证数据真实性的其中一个方法是将它与其他来源的已知数据进行比较。在报告中,如果怀疑报告的真实性,则将其抛弃并保留其他报告[8]。如果每段数据都具有一定程度的确定性,则可以在丢失异常值的情况下计算事件真实性的整体评估。

另一种验证准确性的方法是与源相关联的历史数据。如果此前来自同一个消息源的报告是真实的,那么当前存疑的报告更有可能是对情况的真实描述。当融合不同来源的数据时,真实性非常重要,因为人们可能会得出目标不在其实际位置的结论。这可能是有意的转发欺骗(截获并转发导航信号)或电子欺骗(一种欺骗干扰手段,其中雷达目标的位置明显发生变化)的结果。真实性是很难获得和保持的性质,但它是保持世界内部一致评估的必要条件。

4.2.5 硬软数据融合

随着非对称战争的出现,融合硬数据(基于物理学)和软数据(基于人工情报)的需求也随之增加。除了常规的数据融合问题外,如将软数据报告转换为数值地理坐标、登记软硬数据报告的坐标等,还需要一种通用语言将这些数据综合起来。硬数据和软数据的本体①也需要统一,因为这两个领域的术语可能不同[9]。统一术语的方法包括将硬数据和软数据报告转换成专门的表示形式,如基于框架的系统[10]以及开发用于处理本体的关系语言[11]。例如,人们可能需要将合成孔径雷达探测的硬数据,如观察到有5辆车在已知地理坐标的道路上行驶,与人工情报称一辆坦克朝观测者的西面驶去结合起来。这也给硬数据与人工情报的关联带来挑战,即到底哪辆车是坦克[12]?也就是说,为了进行有意义的态势评估,在融合数值数据和非数值数据时存在一个普遍的问题。

即使软数据融合也存在将多个不同时间记录的数据库转换为共同的物理、本体和时间参照系的问题,如一个军兵种或学科可能就无法理解另一个军兵种或学科所使用的语言和术语。观察、数据、信息、测量、估计、记录、地形、网络、开销、报告、目击等术语的含义对不同受教育背景的人来说是不同的,人工情报所形成的报告需要根据撰稿人的背景来理解。

4.3 搜索、跟踪和识别的选择配置

现代 ISR 传感器,无论是硬传感器还是软传感器,它们通常不是单一系统,而且有多种不同的工作方式。其决策可以简单到是用高精度、远距离、窄覆盖的聚焦模式还是用宽波束、低精度、近距离的搜索模式[13]。例如,认知雷达包括对环境的机器学习、接收机给发射机的反馈、利用是否用继续探测并跟踪目标的信息来保存雷达回波的信息内容[14]。认知雷达与自适应雷达的不同之处在于前者能与环境进行交互,并改变接收机的特性。它能根据目标的距离和雷达散射截面积(RCS)来调整自己的发射功率。整个认知雷达是一个包括发射机、环境和接收机的闭环反馈系统。

也有一些较简单的方案供雷达在搜索或跟踪的不同模式下工作[15]。对现代传感器可配置性的更普遍的认知是[16]:

> 每次可供选择的传感器实际是虚拟传感器,每个传感器代表一种

---

① 在计算机科学和信息科学中,本体由表示法、正式命名、类别的定义、属性、概念之间的关系、数据、证明一个或多个甚至全部领域的实体组成。

配置参数的选择,这些参数影响一组传感器、传感器套件、传感器平台的物理配置和工作模式以及数据的处理方式和互联子系统间的通信方式。从这个角度看,选择传感器实际上意味着确定传感器系统的可自由控制的程度。

4.4 探测准则

目标探测所使用的准则也会影响传感器使用和传感器管理。所使用的探测类型与传感器管理相关,因为每种探测所需的实现时间不同,且有效实现探测所需的计算量和数据存储量也不同。有文献对3种类型的探测进行了研究和比较,即直接探测、索引准则探测和机器学习[17]。直接探测给所有测量单元分配同等资源,它是一种确定性的方法,以相同的顺序经过所有的观测单元,有时也简称顺序扫描或不同类型的栅格扫描,对某个区域进行序列化且统一的测量。图4.1 展示了由扫描目的(搜索或跟踪)来确定不同扫描样式的两个例子。

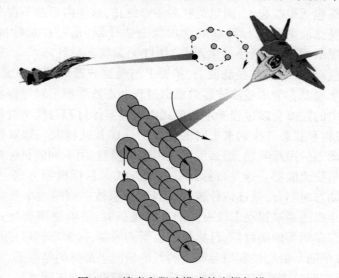

图 4.1 搜索和跟踪模式的光栅扫描

第一种方法在确定下一个要进行的测量单元时无需花费任何计算工作。第二种方法即索引准则,使用累积测量数据来维护被监视区域的概率密度函数,并将传感器指向目标最有可能的位置[18-20]。这种方法需要大量计算,通过不在搜索已有目标轨迹的区域或目标出现概率低的区域浪费搜索时间,减少探测新目标的预期执行时间。本节强调雷达体积,是因为每个单元都是一个需要使用三维概率分布函数的三维波束。因为成像的目标区域没有距离信息,所以成像传感器只需要一个二维概率分布函数(PDF)。

前两种方法都是可编程的,而且是建立在传感器能力及其返回数据是已知的基础上。以下技术是利用机器学习实现探测准则随系统行为自动调整。第三种方法是以强化学习[21]和虚拟联想网络[22-23]两种方法为例的机器学习实例。强化学习(RL)是一种基于目标的试错策略,它根据当前测量结果确定下一个搜索区域。当前测量动作结果会产生一个标量增强,强化学习的代理使用该标量增强来执行未来测量最优预期序列累积的动作。强化学习不能很好地扩展到现实传感器管理,这促进了对虚拟联想网络(VAN)的研究。虚拟联想网络利用图论表示学到的特征之间的关联来生成一个压缩的决策空间。这个空间是自分割的,使得能在更大的目标群中快速探测到感兴趣的目标[22]。

4.5 目标模型

目标跟踪包括跟踪起始、测量关联和跟踪终止,这些内容都不在本书的讨论范围。卡尔曼滤波器是目标跟踪的常用状态估计器,是存在加性高斯白噪声(AWGN)情况下的最优(最小二乘误差)线性无偏状态估计器[24]。其他非线性模型,如有迹(scented)卡尔曼滤波器、扩展卡尔曼滤波器以及粒子滤波器,也包含目标动力学模型。卡尔曼滤波器是根据过程动态数学模型对过程状态进行估计。该模型中的误差会以过程噪声的形式出现。实际过程与模型过程间的误差越大,测量过程和状态外推到未来时的状态估计误差就越大。如果是一开始就不知道目标动态的跟踪问题,那么可以使用通用模型,用不同的目标模型来同时计算多个卡尔曼滤波器。这是目标跟踪的交互式多目标模型方法[25]。模型与实际目标的动态越吻合,轨迹估计越好。当不知道被探测的空中目标是过程动态很大的战斗机还是过程动态较有限的商用飞机时,可以使用交互式多目标模型。对于跟踪车辆等地面目标,目标模型会受到限制,因为车辆可能是在已知道路上行驶,或是随车辆类型和地形而定的其他情况。最终的结果是,为改进跟踪能力,采用最匹配车辆动态特点的数学模型可以帮助识别车辆型号,或者至少可以帮助识别车辆的种类。

4.6 调度约束

传感器管理既存在时间约束,也存在物理约束。最重要的时间限制是信息的及时性以及及时性、准确性和任务值之间的权衡。立即对敌方目标开展不完美的估计,比敌方已经对传感器要保护的系统采取进攻性行动后获得目标状态的完美估计更具有任务价值。对利用卫星收集战略情报而言,由于不同的卫星有不同的能力,因此将卫星从一个轨道重新定位到观察某个特定地面目标的轨道所需的时间并非唯一的限制。重新定位传感器意味着:如果等待时间太长,当前感兴趣目标的信息将不再可用,将再次引出信息的任务值这个概念,而不仅是它的及时性或准确性。第9章将再讨论这个问题,并引入使期望信息价值率(EIVR)最大化的目标函数。

当具备特定能力的传感器在平台一侧,而目标不在其作用范围[①](FOR),但瞬时视场(IFOV)能够覆盖目标时,物理约束也可能扮演关键角色。进一步扩展这一点需要足够的驻留时间,以便将信噪比(SNR)提升到检测目标的水平。具有万向节约束的机动传感器平台可能无法保证传感器长时间指向目标来获得有用的测量信息。也就是说,在调度传感器对目标进行观测时,可能需要考虑传感器所在平台本身的状态。

对于动态 ISR 感知环境而言,简单的实时调度方法,如最早截止日期优先(EDF)法或最小完工时间法,一般都是不适用的。这些方法只适用于简单、确定的情况,不涉及被观察过程有欺骗行为的情况,如传感器管理系统在非敌对环境中运行。

另一个调度约束涉及有其他感知需求的情况下保持跟踪。理想情况下,人们希望在探测到目标后保留一个传感器对其跟踪,但不使用该传感器搜索其他目标几乎是不可能的。由此产生这样一个问题:等待多久能够重新回到被跟踪的目标。如果连续跟踪,那么传感器就不能探测其他目标。如果等待太久,跟丢目标的风险就会增加,因此需要搜索和重新截获,而且可能需要额外的测量,以确保跟踪的目标就是之前的目标(即跟踪关联问题)。确定等待多久更新一次轨迹的问题可简化为:假设所跟踪目标可以以垂直于其当前状态向量的任意方向驶入的最大加速度(g)的计算问题。将最大加速度与当前状态估计结合起来在时间上会带来越来越大的不确定性,直到下一次测量。如果这种不确定性超过了目标跟踪传感器的波束宽度,那么在下一次观测中目标有可能不在波束宽度内,因此必须重新截获目标。同样也必须考虑保持该目标跟踪相对其他任务目标的价值。

例如,图 4.2 给出了雷达正常波束的视距内,在不同最大加速度的情况下确保目标跟踪所需的时间间隔。用 1°雷达波束宽度在 10km 外跟踪加速度为 $9g$

---

① 作用范围是可移动传感器可以捕获的总区域,视场(FOV)有时也称为瞬时视场,是传感器在某个具体瞬间可以感知到的角锥体。

的目标，2s 可能就超出波束宽度而需要重新搜索。如果目标在 100km 外并以 9g 的加速度向视线前进，那么更新周期可延长至 4s 以上。

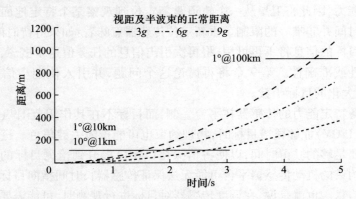

图 4.2　雷达正常波束视距内维持对目标跟踪所需的更新时间间隔

4.6.1　传感器间互扰

使用有源传感器或干扰机的另一个危险是，它们会干扰己方的电子支持措施（ESM）接收机，因为雷达发射机的大功率脉冲可能会降低接收机的灵敏度，或使它们完全接收不到任何信息。严格意义上讲，使用雷达还是电子支持措施都不是传感器管理问题，而是传感器调度问题，它既可以由传感器管理系统在较低层级（即传感器的调度程序中）来处理，也可以由任务管理系统在较高层级（即在任务目标（如辐射控制）的相对价值中）来处理。

4.6.2　计算约束

除使用传感器观察环境以便为状态估计提供测量信息外，还必须考虑处理数据的地点和所需的计算能力，以及将数据从传感器传输到数据融合点可用的带宽。虽然人们可能希望通过通信链路（网络）将所有数据下载到地面站或有几乎无限处理能力的云计算环境，以便实施预检测融合或复杂的信号处理，但这种方法收效甚少，而且带宽成本很高。与其下载原始数据，不如在传感器平台对数据进行一些预处理，以便进行特征提取或实际目标探测。由此产生了分布式数据处理的概念，并只传输确认或否认假设所需的数据，或者将检测结果或特征下载到地面站以便做进一步处理或融合。在机上处理的计算量取决于处理功耗、用于本地存储转发的存储容量、及时性、可用通信带宽、通信功耗、可靠性（远程平台上硬件越多，故障概率就越高）、辐射控制和可升级性。

就计算而言，全局最优（无限时间范围）的传感器管理方案在实时计算上是不可行的,这是一个困难的组合优化问题。部分原因是动态环境只是短期平稳,计算资源被浪费在解决未来行动的可能上,而这种行动可能发生的概率很低。动态规划方法一直用于远视传感器管理[26],应用到对移动 – 停止目标的跟踪、使用蒙特卡洛法的信息引导搜索以及求出贝尔曼方程的近似解[27]。研究表明,用线性规划法可以找到最优的传感器管理策略,但实时计算难以实现[28]。除需解决环境动态的困难以外,多种运用模式和传感器套件可工作的参数也增加了难度。正如第 3 章 3.7 节所述,令人满意的传感器管理方法可能是短视的,在实时计算方面是可行的、滚动时域控制方法[29]。

4.6.3　随机发生的传感器故障

由于任何传感器系统都不是免维护的,也不可能完全事先知道环境,所以传感器管理系统必须考虑失效机理和环境影响。在空中系统中,即使传感器本身功能正常,但传感器的转向机构失去动力也会使其无法获取任何有用数据。在诸如位置或多普勒雷达这样的多模式传感器中,其中一种功能可能会失效或能力下降,例如失去多普勒处理能力,但仍然保持位置测量的能力。还有一些与之相关但不是传感器故障的问题,如恶劣的天气或环境条件(海况)、降水等都会严重削弱毫米波雷达的能力,另外出现大量云层也会使高空传感器无法收集图像情报(也称为照相情报(PHOTINT)[30])。这个问题将在第 10 章基于信息的传感器管理(IBSM)中系统阐述。

参考文献

[1] Beckerman, M., "A Bayes – Maximum Entropy Method for Multi – Sensor Data Fusion," Proceedings 1992 IEEE International Conference on Robotics and Automation, Nice, France, 1992.

[2] Belfadel, D., R. W. I. Osborne, and Y. Bar – Shalom, "Bias Estimation for Optical Sensor Measurements with Targets of Opportunity," Journal of Advances in Information fusion, Vol. 9, No. 2, 2014, pp. 59 – 74.

[3] Steinberg, A., et al., "Human Source Characterization," September 21, 2015. https:// www. researchgate. net/publication/267259438_Human_Source_Characterization/download. Accessed May 15, 2019.

[4] Llinas, J., et al., "Revisiting the JDL Data Fusion Model II," Proceedings of the Seventh International Conference on Information Fusion, Stockholm, Sweden, 2004.

[5] Ceruti, M. G., et al., "Pedigree Information for Enhanced Situation and Threat Assessment," 2006 9th International Conference on Information Fusion, Florence, Italy, 2006.

[6] Magnus, A. L., and M. E. Oxley, "Fusing and Filtering Arrogant Classifiers," Proceedings of the Fifth International Conference on Information Fusion, Philadelphia, PA, 2002.

[7] Blasch, E. , and A. Aved, "URREF for Veracity Assessment in Query – Based Information Fusion Systems," 18th International Conference on Information Fusion, Washington, D. C. , 2015.

[8] Das, S. , and D. Lawless, "Truth Maintenance System with Probabilistic Constraints for Enhanced Level Two Fusion," 2005 7th International Conference on Information Fusion, Philadelphia, PA, 2005.

[9] Wikipedia, https://en.wikipedia.org/wiki/Ontology_(information_science). Accessed May 19, 2019.

[10] Fikes, R. , and T. Kehler, "The Role of Frame – Based Representation in Reasoning. ," Communications of the ACM, Vol. 28, No. 9, 1985, pp. 904 – 920.

[11] Gruber, T. R. , "A Translation Approach to Portable Ontology Specifications," Knowledge Acquisition, Vol. 5, No. 2, 1993, pp. 199 – 220.

[12] Gruyer, D. , M. Mangeas, and C. Royere, "A New Approach for Credibilistic Multi – Sensor Association," Proceedings of the Fifth International Conference on Information Fusion, Annapolis, MD, 2002.

[13] Zhou, L. , et al. , "Study on Algorithms of Sensor mode Management," Proc. of the 2006 IEEE International Conference on Information Acquisition, Weihai, Shandong, China, 2006.

[14] Haykin, S. , "Cognitive Radar," IEEE Signal Processing Magazine, January 2006, pp. 30 – 40.

[15] White, K. , J. Williams, and P. Hoffensetz, "Radar Sensor Management for Detection and Tracking," 11th International Conference on Information Fusion, Cologne, Germany, 2008.

[16] Hero, A. O. , and D. Cochran, "Sensor Management: Past, Present, and Future," IEEE Sensors Journal, Vol. 11, No. 12, 2011, pp. 3064 – 3075.

[17] Malhotra, R. , E. P. Blasch, and J. D. Johnson, "Learning Sensor – Detection Policies," IEEE NAECON, Dayton, OH, 1997.

[18] Hintz, K. J. , "Multidimensional Sensor Data Analyzer," U. S. Patent 7, 848, 904, December 7, 2010.

[19] Hintz, K. J. , "Multidimensional Sensor Data Analyzer," U. S. Patent 7, 698, 100, April 13, 2010.

[20] Castanon, D. A. , "Optimal Search Strategies in Dynamic Hypothesis Testing," IEEE Transactions on Systems, Man, and Cybernetics, Vol. 25, No. 7, 1995, pp. 1130 – 1138.

[21] Pecht, M. G. , and M. Kang, Machine Learning: Fundamentals, New York: Wiley – IEEE Press, 2019.

[22] Musick, S. H. , and R. P. Malhotra, "Sensor Management for Fighter Applications," Air Force Research Laboratory, Wright – Patterson Air Force Base, OH, 2006.

[23] Yufik, Y. M. , "Virtual Associative Networks: A Framework for Cognitive Modeling," Chapter 5 in Brain and Values: Is a Biological Science of Values Possible?, London, UK: Taylor & Francis Group, 2018.

[24] Gelb, A. , Applied Optimal Estimation, Cambridge, MA: MIT Press, 1974.

[25] Bar-Shalom,Y., and X.-R. Li, Estimation and Tracking: Principles, Techniques and Software, Norwood, MA: Artech House, 1993.

[26] Nedich, A., M. Schneider, and R. B. Washburn, "Farsighted Sensor Management Strategies for Move/Stop Tracking," 2005 7th International Conference on Information Fusion, Philadelphia, PA, 2005.

[27] Kreucher, C., et al., "Efficient Methods of Non-myopic Sensor Management for Multitarget Tracking," 43rd IEEE Conference on Decision and Control, Paradise Island, Bahamas, 2004.

[28] Sondik, E. J., "The Optimal Control of Partially Observable Markov Processes," Ph. D. dissertation, Stanford University, 1971.

[29] Hitchings, D., and D. A. Castanon, "Receding Horizon Stochastic Control Algorithms for Sensor Management," Proc. of the 2010 American Control Conference, Baltimore, MD, 2010.

[30] U. S. Naval War College, "Intelligence Studies: Types of Intelligence Collection," September 12, 2019. https://usnwc.libguides.com/c.php?g=494120&p=3381426.

第 5 章
传感器管理的理论方法

5.1 传感器管理理论概述

无论是控制单个传感器、一组相同的传感器还是一组分布式异构传感器,识别和区分传感器调度和传感器管理概念都是必要的。传感器调度是一种基于某些局部准则对传感器观测值进行排序或排队的方法。图 5.1 中的分布式传感器/控制器架构是传感器调度的一个商用案例:"每个系统或子系统的控制动作都在本地控制器中进行,但是中心操作站具有对控制器输入输出数据和所有系统状态的完全查看权限,以及在必要时干预本地控制器的控制逻辑的能力"[1]。在这类数据采集与监视(SCADA)系统中,传感器采用本地传感器控制过程,并由本地控制器进行调度,而不是由控制室中的管理员独立调度。

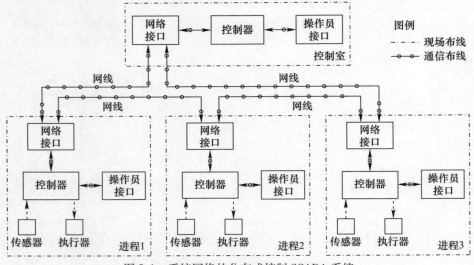

图 5.1 系统网络的分布式控制 SCADA 系统

第 5 章 传感器管理的理论方法

"宙斯盾战斗系统"(AEGIS)[2]的武器系统传感器管理示例如图 5.2 所示[3]。主传感器设置为舰载 SPY-1 雷达,其他传感器的数据反馈给"宙斯盾"武器和显示系统。这些传感器包括舰载电子支援措施(ESM)系统、导航传感器、搜索雷达和声呐。舰外传感器包括携带磁异常探测器(MAD)的轻型机载多功能系统(LAMPS)、空射声呐浮标、搜索雷达、电子支援措施系统和前视红外(FLIR)成像系统。因为多个任务需求之间存在竞争,所以仅靠一个简单的传感器调度程序远远不够,还需要一个管理系统对传感器系统的异构性和复杂度进行管理。

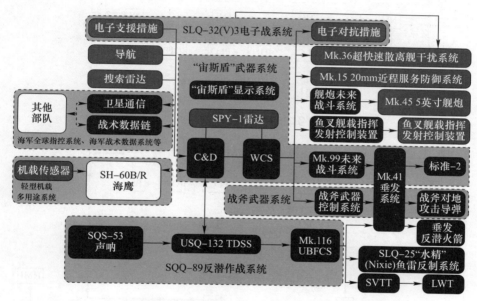

图 5.2 多个异构传感器和系统集成的"宙斯盾"战斗系统框图[2]

传感器管理的最简单形式是狭义的传感器管理方式,即各传感器独立自主地运行,且每个传感器都有自己的优化准则。即使是单个传感器在调度之外也需要管理。这些独立的系统产生的数据被转发到一个集中的区域进行集成和融合,进而进行信息提取和系统监视。狭义系统的管理源于其初始设计,适用于数据速率需求已知且确定的静态环境。图 5.3 展示了一个大型 SCADA 系统的框图,该系统用于控制独立网络设施中的多个控制系统[1]。本地系统具有内部冗余,并且通过配备具有各自冗余系统的两个监控室来控制设备。

通常人们会发现启发式的、针对特定问题的传感器解决方案来控制多个异构传感器系统。尽管这些系统在设计时考虑了特定的优化准则,并能够为预先确定的问题提供良好的实时性能,但是这类系统不具普适性。也就是说,当管

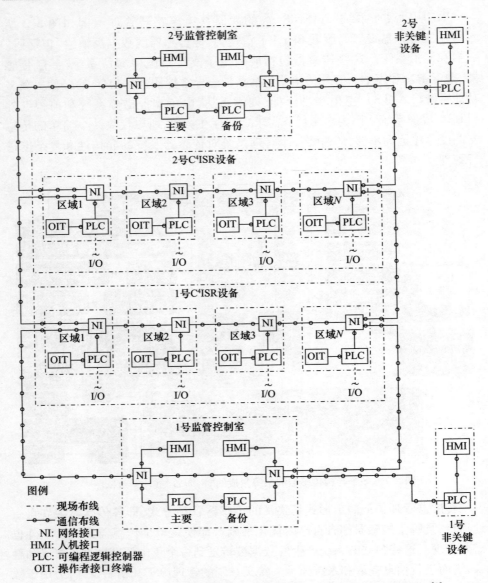

图 5.3　大型设施 SCADA 系统展示了系统管理的监控过程和分布式特性[1]

一组在不同环境中运行的不同传感器时,这种传感器管理方案无法用于设计一个新的方案。这些特定问题的解决方案除了用于其设计的特定环境之外,都不是最佳选择。作为特定问题的解决方案,它们围绕特定的传感器系统和预期的特定环境进行设计。若环境不稳定、单个传感器发生故障,或者传感器出现任何非预期的性能下降,则该方案就无法达到预期性能。

5.2 调度方法与决策方法

传感器管理方法主要有两类,即源自作业调度领域的决策方法和源自计算机任务调度领域的调度方法[4]。

决策方法旨在回答以下问题:对于调度或执行而言,哪些传感器任务最重要,即对任务优先级进行排序。而调度方法则用于生成分配给传感器的任务列表或任务序列,其重点关注的是每个传感器的时间线。

如图 5.4 所示,决策方法可进一步细分为描述性、规范性和混合性(描述性/规范性)方法[4]。

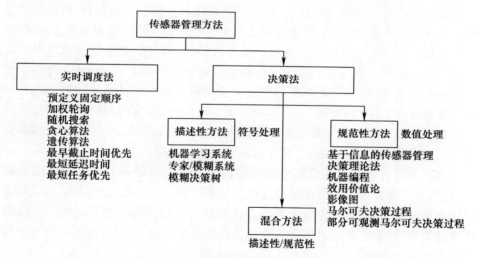

图 5.4 传感器管理理论方法分类[4]

已应用于混合传感器管理的经典实时调度方法包括时钟驱动、加权轮询、最早截止时间优先(EDF)、最短延迟时间(也称为最小松弛优先)、最短任务优先、优先级驱动等,但其效能良莠不齐[5-6]。

时钟驱动型方法可提供固定的传感器观测,而不具备实时适应能力或引入时间动态性,这在本地 SCADA 控制系统中已经提及。因此,这类方法不适合管理一组 ISR 传感器。加权循环类似于时钟驱动方案,将更多的观测值分配给更重要的传感器或单位时间产生最大信息量的传感器。EDF 方法可用于正在进行目标跟踪的传感器。如果不采用 EDF 方法,则有可能无法满足在下次观测时始终能够在波束宽度内探测到目标所需的时限需求,进而可能导致失去跟踪目标,并需要花费更多的观测资源来重新捕获目标。EDF方法的另一个例子也可以说明其在目标观测方面的重要性。例如,若来袭目标是导弹,那么在撞击时间(截止时间)之后信息将没有任何价值。最小松弛时间调度方法仅适用于最简单的系统,因为该方法假定所有观测都花费相同的时间。该方法的优先级是根据截止时刻(如图像价值失效的时间)、准备时间(如可拍摄图像的空中资源处于可拍摄位置的时间)、运行时间(如采集、处理、下载和分析图像所需的时间)之间的时间差进行分配。用户可以选择优先安排最短的工作,以尽早获得结果。在需要传感器重定位、重定向以进行下一次测量时,可能还需要额外考虑转换时间。上述所有方法都基于类似于"垒砖块"(brick-packing)的假设,即基于某种优化规则执行已选择的所有任务所需的持续时间是有限的。

这就引出了某于优先级的调度,以及如何确定优先级的问题。因为每个人对测量过程重要性的评估不同,所以人们能想出多少种优先级指标,就能有多少种优先级建立方法,由于不同指标具有不同的特性(不同的度量单位),而需要将这些指标组合在一起以产生有用的优先级指标,因此很难对优先级给出数值度量。这一问题自然而然催生出了传感器管理的决策理论方法,该方法用于选择任务并对其排序,从而使调度工作变成了一种复杂度低且容易计算的任务分配和观测排序工作,例如第10章中将详细介绍的在线、贪心、紧急驱动、抢占式调度算法(OGUPSA)就是典型的决策理论方法。诸如随机动态规划(即"多臂老虎机"问题)等其他方法也已用于直接雷达波束调度[7-8]。

除了对所有传感器进行简单的顺序扫描并由中央融合处理器进行后处理外,最基本的搜索方法是随机任务选择。尽管这种方法看似自然而然,但结果表明该方法效果很差,且很容易被其他方法超越[9]。虽然该方法不适用于实际的传感器管理器,但在仿真过程中通常将其视作基准方法,以便与新的传感器管理方法进行对比分析。

5.3 决策理论方法

决策理论是对人们如何做出选择的研究,分为规范性方法和描述性方法,这两种方法均已应用于传感器管理。规范性方法基于先前决策的结果来产生决策。因此,规范性方法更适合于性能标准可以进行数值计算和分析的系统。在传感器管理中,性能标准可以基于概率分布、效用函数、随机有限集或证据推理。规范性方法包括影响图、马尔可夫决策过程、部分可观测马尔可夫决策过程(POMDP)[10]。具体要优化哪些性能指标,取决于选择序列中每次的期望回报值。描述性方法运行于连贯性、基于规则的系统中,这类系统试图模仿人的决策并确定智能体实际做出决策的方式。描述性方法包括基于知识的方法、机器学习和模糊推理。

5.4 规范性决策理论方法

最常见的规范性过程是基于对被评估为马尔可夫决策过程的状态进行建模。在马尔可夫决策过程中,在给定完整历史信息的情况下,下一个状态仅取决于当前的状态和传感器动作[11-12]。假设状态转移的概率为

$$P(x_{t+1}|\{x_k,a_k\}_{k\leqslant t}) = P(x_{t+1}|x_t,a_t) \tag{5.1}$$

且测量似然函数由传感器动作 a_t 决定,即

$$P(y_t|\{x_k,a_k\}_{k\leqslant t}) = P(y_t|x_t,a_t) \tag{5.2}$$

所得的回报随着时间推移而增加,并且仅基于短视回报函数(myopic reward function)的最新测量结果,即

$$R_t(\{a_k\}_{k\leqslant t},\{x_k\}_{k\leqslant t}) = \sum_{k=0}^{t} R_t(a_k,x_k) \tag{5.3}$$

若测量结果有噪声且状态无法从观测结果中完全恢复,则马尔可夫决策过程变成了部分可观测马尔可夫决策过程(POMDP)。在机动目标的二维近恒速模型中即可看到这种过程[11],即

$$\boldsymbol{x}_{k+1} = [x_k, \dot{x}_k, y_k, \dot{y}_k]^T \tag{5.4}$$

$$\boldsymbol{x}_{k+1} = f^t(x_k, v_k) \tag{5.5}$$

$$\boldsymbol{x}_{k+1} = \begin{bmatrix} 1 & T_s & 0 & 0 \\ 0 & 1 & 0 & 0 \\ 0 & 0 & 1 & T_s \\ 0 & 0 & 0 & 1 \end{bmatrix} \begin{bmatrix} x_k \\ \dot{x}_k \\ y_k \\ \dot{y}_k \end{bmatrix} + \begin{bmatrix} \frac{T_s^2}{2} & 0 \\ T_s & 0 \\ 0 & \frac{T_s^2}{2} \\ 0 & T_s \end{bmatrix} \begin{bmatrix} v_x^k \\ v_y^k \end{bmatrix} \tag{5.6}$$

加性噪声 v_x^k 和 v_y^k 表示在二维平面中的加速度不确定性。这种不确定性假设与卡尔曼滤波器类似,因为这些过程被假定为或被归一化为固定方差为 σ_x 和 σ_y 的高斯、零均值、"白色"过程。应当认识到,对于车辆而言,这种近似没有考虑加速度垂直于车辆的速度矢量的情况,而且加速度在二维平面内并不独立分布。

马尔可夫决策过程和 PMDP 的解可以通过动态规划方法求取[13]。尽管理论上可运算出最佳观测序列，但由于需要计算代价函数，因此这种运算实际上很棘手。蒙特卡洛方法利用短期和长期性能标准权衡跟踪误差和与传感器相关成本，从而得到非短视的解决方案[11]。这种方法的显著优势在于，蒙特卡洛模拟可以充分利用目标动力学和传感器的复杂非线性模型。

蒙特卡洛的标准方法详见第 8~10 章。此方法包括两个正交的短视性能测量值，分别对其进行运算就可以确定最佳的下一个传感器观测值或下一个最佳采集时机（BNCO）。这些性能指标是预期态势信息价值率 $EIVR_{sit}$，该参数用于确定要获取哪些信息，其中，基于态势信息定义的因果贝叶斯网络（详见第 8 章）表达式为

$$I_k^{sit} = \sum_{\text{所有态势节点}} [H_k - H_{k-1}] \tag{5.7}$$

第 10 章将说明如何在态势信息期望值网络（SIEV – net）中使用态势信息来选择具有最高预期态势信息价值率（$EIVR_{sit}$）的信息需求。

预期的传感器信息价值率 $EIVR_{sen}$ 用于确定使用哪个传感器来获取该信息。若要在时间 k 进行测量，则获得的关于过程 j 的传感器信息表达式为

$$_jI_k = -\log\{\|_jP_k^-\| - \|_jP_k^+\|\} \tag{5.8}$$

该表达式由第 8 章中相关内容导出，并在第 10 章中用于选择要执行的具有最高的预期传感器信息价值率（$EIVR_{sen}$）的传感器功能。

在以贝叶斯网络表示的态势评估中，可运算出所有可能的贝叶斯网络管理节点的最大预期态势信息价值率（$EIVR_{sit}$）并进行排序。即将发出的下一个信息请求（与哪个传感器活动将获得该信息无关）是呈现最大 $EIVR_{sit}$ 概率的请求，也最有可能是下一次采集所依据的请求。一旦选择了最佳的下一个采集时机，就可以通过在信息实例化器中运算出预期传感器信息价值率（$EIVR_{sen}$），并基于此衡量标准在传感器调度程序中将其对传感器观测函数进行数字排序[14-15]。具有最大 $EIVR_{sen}$ 的传感器观测函数将传递给 OGUPSA，以便在能够执行该函数的传感器上进行调度，详见第 8~10 章。

基于信息的传感器管理的另一种构成是一种增强型贝叶斯网络，即态势信息期望值网络。贝叶斯网络也是一种规范性方法，因为其节点本身就是随机变量，其概率分布表示的是环境要素。贝叶斯网络（也称为信念网络或决策网络）模型，或概率定向无环图模型（DAG），是表示随机变量及其条件依赖性的图形模型[16]。贝叶斯网络可以利用对大量训练数据进行统计处理所得出的结果来设计，也可以利用因果贝叶斯网络的基本原理创建[17]。一个简单

的因果贝叶斯网络示例如图 5.5 所示[18]。观察结果表明,贝叶斯网络更新并不像更改一个随机变量的值那么简单。由于许多节点之间存在条件概率关系,因此,单个节点的更改可能会波及、改变与其他节点相关联的分布。例如,飞机编队中单个飞机的身份标识的改变(即代表飞机身份的离散随机变量的值发生变化)可以改变冲突中飞机攻击、保持中立或撤离的概率。因此,贝叶斯网络除了可以描述环境中事件或假设的条件概率并能描述对态势的评估外,也可以通过考虑其他辅助数据来增强态势了解。从传感器管理的角度来看,因果贝叶斯网络主要用于态势评估,即确定当前存在的状态,而无法确定其存在的动机。态势评估因果贝叶斯网络可以连接到更高级别的因果贝叶斯网络,以实现态势感知。

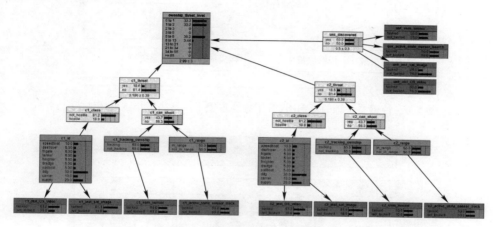

图 5.5　在传感器管理系统中使用的贝叶斯网络示例[16]

传感器管理的另一种规范性方法是使用影响图(也称为关联图、决策图或决策网络),这是广义的贝叶斯网络,除了概率推断外,还包括决策问题。影响图的示例如图 5.6 所示,这种方法可利用传感器数据来改进威胁评估能力:威胁状态和自身状态从时间 1 的状态演进到时间 2 的状态[19]。从任务的角度来看,仅使用传感器评估状态,并不能达到传感器的最优应用。如图 5.6 中连接响应模块与传感器的虚线所示,传感器还应能够获取武器的可用性和预期效能。如图 5.7 所示,由于传感动作与响应决策紧耦合,因此该问题可分解为两个独立的问题[19]。借助这种方法,可以不依赖武器和传感器系统的物理应用来优化传感器数据需求。该方法是基于信息的传感器管理方法的一个子集,综合利用任务值、获取所需信息的态势评估信息预期以及获取该信息(即 SIEV - net)所花费的时间量[20]。

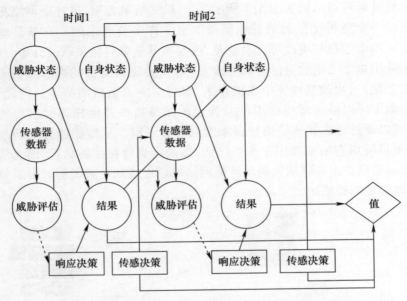

图 5.6 传感器系统的影响图(其中虚线连接了武器决策与结果评估)[19]

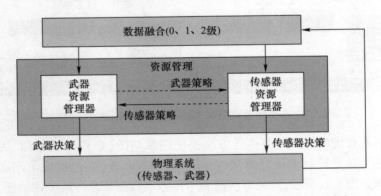

图 5.7 将集成的传感器和武器管理问题分解为正交组件[19]

5.5 描述性决策理论方法

若没有可用的规范性(数字运算)方法,或者可用数据仅仅是主观数据(如自然语言处理(NLP)的结果),则需要考虑描述性决策理论方法。描述性方法目的在于在存在不确定性的情况下复制人类决策过程。描述性方法包括基于知识的方法、机器学习方法和模糊推理方法。基于知识的方法和机器学习方法将在第 6 章中介绍,此处不再赘述。模糊推理方法起源于模糊集[21]和模糊逻辑[22-23],并基于对模糊输入数据进行运算的模糊逻辑做出决策。输入数据被赋予一组基于启发式方法或系统方法设计的规则。然后,基于早期规则应用结果的常规逻辑,计算每个规则的相关性或适用性。最后,再用一个解模糊单元来组合规则应用所产生的模糊集,得出作为决策的单一值。

模糊决策树是一种结合模糊理论与决策树用于解决模糊边界问题的方法,进而使模糊逻辑规范化[24]。在模糊决策树方法中,不需要离散元素集和实值变量来构建决策树。如以下示例所示[25]:

R1:IF　目标正发起攻击或对己方进行瞄准或正在机动,
　　THEN　目标很重要

R2:IF　目标距离己方很近且不是友军,
　　THEN　目标正发起攻击。

若规则是主观的,则这些规则可以用模糊决策树表示(示例如图 5.8 所示,表示为一棵较大的模糊决策树的运动 ID 子树)[25]。可以看出,树中没有为攻击、瞄准、机动等概念赋予直接的数值;然而,可以通过以下方法来实现这些规则的模糊化[25]:

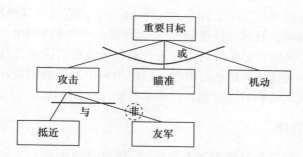

图 5.8　执行文中规则的模糊探测树[25]

① 为隶属度函数(membership function)分配每个经典根概念(决策树最底层的那些框);

② 将所有经典的"或""与"和"非"运算转换为类似的模糊运算。

对这些隶属度函数的结果作进一步处理产生隶属度等级,可以用于给出传感器资源分配的优先级。

5.6　基于传感器管理架构的方法

除了最简单的传感器系统之外,所有传感器系统都可能会用到集中式、分布式、分层式或集中和分散混合式控制来管理数据采集。大多数工业传感器系统具备规则的非时变结构，因此，可以通过本章前面介绍的某些数据采集与监视控制（SCADA）系统中使用的集中式方法或分层方法进行控制。更加多样化、异构和动态的系统需要一套集中式或分布式的自适应系统。在传感器管理中，数据库管理和数据访问也很重要。是否可以将数据缓存在多个分布式站点，并根据特定知识领域或物理位置实现数据更新，是一个悬而未决的问题。数据类型也会对管理方法设计产生影响，在实时流数据传输的情况下（如来自机载持续监视车辆的视频数据）更是如此[26]。在带宽受限的情况下，流源可以通过减载（为了其他流而丢弃一些流）、降低帧速率或降低单帧分辨率的方式进行管理。从存储数据的中心存储库进行数据访问时，可以通过用近似答案而不是所有可用数据对查询做出响应来解决访问限制。

传感器系统的体系架构和控制结构、数据融合方法以及在传感器之间的情报数量分布密切相关。在集中式数据融合系统中，控制点请求并融合来自传感器的数据，并进行处理，然后将各个传感器任务传回传感器。各个传感器不知道（或不在意）为什么要对环境进行特定观测。下面介绍一个必须采用集中控制的例子：在声呐浮标领域中，不同的浮标可以利用不同的波形发射声信号。除了选择要发射信号的浮标以防止自干扰以外，还需要决定使用哪种波形从声浮标阵列中获得最佳位置数据或速度数据[27]。需要由中央控制中心与数据融合中心做出有关哪些声呐浮标发射信号以及发射什么波形的决策，以防止出现功能重复和干扰。与其他异构传感器组件一起使用集中控制的困难在于，微观管理无法实现局部灵活性和适应传感器或传感器平台自身环境。

5.6.1 分散管理

为了避免微观管理并实现局部适应性，可以利用传感器系统的分散控制。分散控制需要在传感器或传感器平台中内置一定的智能化能力，以便可以响应更通用的信息请求并实现对局部状态的适应性[28]。这种局部适应性和智能化能力是以传感器或传感器平台上的运算能力（运算能力必然与系统功耗密切相关）为代价的。这也与可用带宽的局限性以及在平台上进行信息提取（分布式探测）的需求有关。例如，从空中图像中提取地面移动目标的位置，只需发送目标的状态向量，而不需要发送目标原始图像或合成孔径雷达（SAR）数据。

分布式多源传感器管理意味着平台之间需要协调。也就是说，在能力、成本、可用性、视距、可用主电源、可用网络带宽、自干扰、辐射控制（EMCON）和/或重新部署时间等方面都存在竞争的情况下，如何决定使用哪个或哪些传感器？分布式传感器协调方法有多种，包括博弈论、市场论和分层式基于信息的传感器管理。分层式基于信息的传感器管理将在图 8.9 中介绍,此处不再赘述,本章主要介绍博弈论和市场论方法。

5.6.2 基于博弈论的方法

博弈论可以应用于目标跟踪,尤其是智能目标跟踪,这些目标可能会根据它们是否检测到自己正在被跟踪而改变行为[20]。在博弈论方法中,传感器管理程序分为基于信息的部分和协方差控制部分[29]。若假设目标行为是完全理性的,则有必要创建一个传感器最大化收益函数。该收益函数表达式为

$$\Psi_k^s = \sum_{n=k}^{k+H-1} \beta^{n-1} \Omega^s(n) \tag{5.9}$$

式中:$\beta \in [0,1]$ 为时间折扣因子(discount factor);$\Omega^s(n)$ 为第 n 步的收益。文献[30]指出,"收益函数包括与误差协方差相关的信息增益,并通过精确归一化的成本进行折算……"归一化成本成为一个关注的问题,原因是不同量纲导致这些成本是不相称的(noncommensurate)。在此情况下,不能直接将通过熵变化测量的信息与误差协方差矩阵的行列式相加。信息单位是比特,而误差协方差矩阵的行列式拥有各自的物理单位。即使将不同的信息度量、协方差的范数和其他传感器活动成本进行归一化,也没有坚实的理论基础来确定权重的分配,而且对不同的主题专家会给出不同的权重分配(详见 1.9 节)。根据博弈论,目标很可能不会像传感器组件那样开展理性博弈,或者目标可能会时不时打破预期,使其行为变得不可预测。

5.6.3 基于市场论的方法

5.6.2 小节讨论了单个传感器管理系统应对多个目标个体的情况,并考虑了传感器与目标之间的博弈。另一种使用博弈论的方法涉及多个传感智能体之间的协商。每个智能体都被分配用于应对一个特定目标,并与其他智能体协商以选择满足其跟踪需求的那些传感器。协商完成后,释放任务不需要的其他传感器,以便其他智能体可以用其执行目标信息采集任务[31-32]。这种方法的缺点是智能体之间需要占用通信带宽,而这些带宽本来可用于传输目标信息,基于市场论的方法也存在该问题。

市场论已被应用于单个飞机上的传感器集中控制,其也被尝试应用于分布式传感器管理[33]。文献[34]考虑利用组合拍卖来管理传感器:"组合拍卖是基于项目包(如传感器读数 + 通道传输)交换而非单一项目拍卖的一种方法"。图 5.9 展示了基于市场论的单一平台方法,该方法基于文献[34]的早期工作:

传感器管理器(SM)充当传感器资源买卖双方的竞争市场。传感器和传输信道被建模为卖方,其中传感器出售其传感器调度能力(即"聚焦能力"),而传输信道出售原始带宽,传感器网络的终端用户或客户购买更高端的产品,如目标轨迹、环境搜索和目标识别。

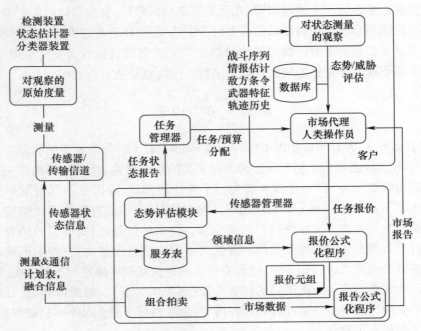

图5.9 基于市场论的单个平台传感器管理器框图[34]

对于传感器数量较少的单个平台,这可能是一种合适的方法,文献[34]的对比方法对信息进行了错误的评估,因此该方法的效能仍不明确。

另一种基于市场论的方法,假设要跟踪的目标是已知的,并且将它们分为多个目标集[33]。目标集的中心可以用于确定传感器观测目标集消耗的时间成本。与前面的示例一样,这种方法仅涉及在单个平台上调度传感器,而没有解决管理大量平台外传感器的协商和拍卖所需的带宽成本。与博弈论方法一样,由于需要进行协商或拍卖,而不是执行感知任务并直接向用户传输结果数据,基于市场论的方法在用于大型、高度分布式的传感器网络时,其效能会大打折扣。

5.6.4 混合方法

与大多数问题一样,并没有普适的最优解和体系架构。集中式和分布式方法都无法满足传感器管理器的所有系统需求。因此本节提出了一种混合解决方案,它是传感器局部智能控制的混合体,可以适应本地环境并避免"由一个中央管理机构进行微观管理"的陷阱,同时具有自相似性和可扩展性。自相似性意味着在控制传感器时,对于每个关注的不同级别,都无需重新开发"点"解决方案。当操作员从一个传感器系统调任到另一个传感器系统时,它还可使操作员立即了解如何控制系统,而无需重新培训。自相似性使用户无论是使用点式系统(如地基作战监视系统(G-BOSS)的塔顶传感器)还是在中央数据融合中心工作,都具有相同的全景视图。可扩展性意味着无需根据所需控制传感器的数量量级或所需处理的数据类型,来开发不同类型的管理器。

图 5.10 展示了一种混合式传感器管理方法[26],它包括 3 个主要管理层级,即传感器、网关和控制站。传感器指的是任何类型的传感器,包括数据库和常见的物理传感器。在传感器之间可以有代理服务器,代理服务器控制各个传感器,并且可以将传感器原始数据转换为更可用的格式进行分发。网关对具有共同特征(如物理位置相同,即在同一传感器平台上)的传感器进行分组。该网关对来自传感器的数据进行组合,并向用户提供基准参数和传感器参数数据。控制站是进入传感器系统的入口点。

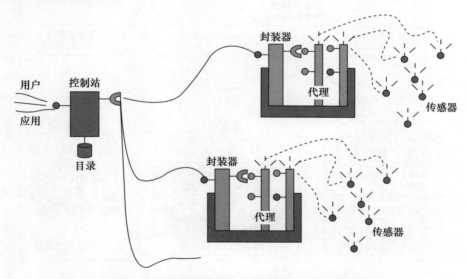

图 5.10　混合式传感器管理体系架构的 3 个管理层级[26]

一组传感器可能有多个控制站。这些可以看作查询入口,它们与网关联系以获取请求的用户数据。与传统的 ISR 收集系统不同,更应将其视作数据库管理系统或数据流管理系统。这种方法的优势之一是可以将传感器群的异构性进行组合和标准化。这种方法也是可扩展的,因为它可以划分多个传感器并实现其与控制站之间接口的标准化。

整子(holonic)架构是一种可扩展且自相似的混合体系架构。它的每个部分都可以视作一个整体,且每个子整体(holon)的任意组合也可视作一个整体[35]:"整子系统(HS)由自治的、自持的单元组成,称为子整体,它们相互协作以实现系统总体目标"。整子传感器管理器框图如图 5.11 所示,该框图展示了该方法的预期自相似性和可扩展性[36]。该方法需要依靠智能代理及其寻求个体目标的能力。

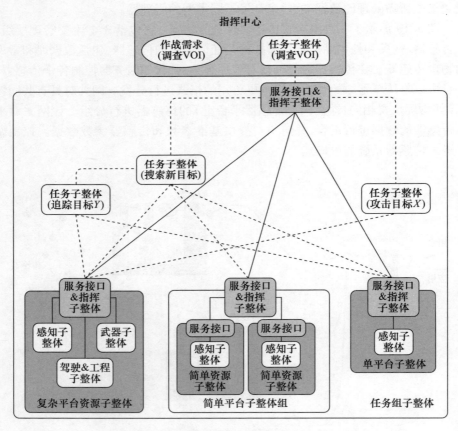

图 5.11　传感器管理器的整子结构[36]

如图 5.12 所示,整子混合体系架构还可进行扩展,将子整体集成到一个联合体系架构(federated architecture)中,兼具了这两种体系架构的最佳功能[37]。在严格的整子体系架构中,子整体数量的增加会导致因结构丢失而产生复杂度,难以管理。通过联合自治、自持和递归的子整体,可以维持传感器(子整体)附近的局部智能化能力,同时维持一种易于管理、面向服务的结构。

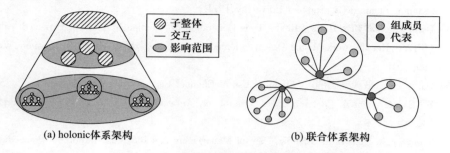

图 5.12 混合了整子和联合体系架构特征的混合体系架构[37]

参考文献

[1] Headquarters, Department of the Army, "TM 5 – 601," January 21, 2006. https://www.wbdg.org/FFC/ARMYCOE/COETM/tm_5_601.pdf. Accessed June 2, 2019.

[2] Wikipedia, "Aegis Combat System. png," October 23, 2010. https://commons.wikimedia.org/wiki/File:Aegis_Combat_System.png.

[3] Wikipedia, "Aegis Combat System," June 2, 2019. https://en.wikipedia.org/wiki/Aegis_Combat_System.

[4] Ng, G. W., and K. H. Ng, "Sensor Management ± What, Why and How," Information Fusion, Vol. 1, No. 2, 2000, pp. 67 – 75.

[5] Krishna, C. M., and K. G. Shin, Real – Time Systems, Boston, MA: WCB McGraw – Hill, 1997.

[6] Liu, J. W. S., Real – Time Systems, Upper Saddle River, NJ: Prentice – Hall, 2000.

[7] Washburn, R. B., M. K. Schneider, and J. J. Fox, "Stochastic Dynamic Programming Based Approaches to Sensor Resource Management," Proceedings of the Fifth International Conference on Information Fusion, FUSION 2002, Annapolis, MD, 2002.

[8] Krishnamurthy, V., and R. J. Evans, "Hidden Markov Model Multiarm Bandits: A Methodology for Beam Scheduling in Multitarget Tracking," IEEE Transactions on Signal Processing, Vol. 49, No. 12, 2001, pp. 2893 – 2908.

[9] Rothman, P. L., and S. G. Bier, "Evaluation of Sensor Management Systems," IEEE NAECON, Dayton, OH, 1989.

[10] Hoang, H. G., and B. T. Vo, "Sensor Management for Multi – Target Tracking Via MultiBernoulli Filtering," Automatica, Vol. 50, No. 4, 2014, pp. 1135 – 1142.

[11] Li, Y., et al., "Dynamic Sensor Management for Multisensor Multitarget Tracking," 2006 40th Annual Conference on Information Sciences and Systems, Princeton, NJ, 2006.

[12] Hero, A. O., and D. Cochran, "Sensor Management: Past, Present, and Future," IEEE Sensors Journal, Vol. 11, No. 12, 2011, pp. 3064 – 3075.

[13] Sondik, E. J., "The Optimal Control of Partially Observable Markov Processes," Ph. D. dissertation, Stanford CA: Stanford University, 1971.

[14] Darcy, S., and K. J. Hintz, "Real – Time Generation of Situation Information Expected Value (SIEV – Net) Networks Using Object Oriented Bayes Nets," 85th MORS Symposium, West Point, 2017.

[15] Darcy, S., and K. J. Hintz, "Effective Use of Channel Capacity in a Sensor Network," 15th IEEE International Conference on Control & Automation (IICCA 2019), Edinburgh, UK, 2019.

[16] Yilmazer, N., and L. A. Osadciw, "Sensor Management and Bayesian Networks," Proceedings of SPIE, Vol. 5434, 2004.

[17] Pearl, J., "Graphical Models for Probabilistic and Causal Reasoning," in Computing Handbook(renamed), Third Edition (A. Tucker, T. Gonzalez, H. Topi, J. Diaz – Herrera (eds.)), Volume I, Chapman and Hall/CRC, 2014.

[18] Hintz, K. J., and S. Darcy, "Valued Situation Information in IBSM," 20th International Conference on Information Fusion (FUSION 2017), Xian, China, 2017.

[19] Chong, C., "Decision – Theoretic Sensor Resource Management," 2006 9th International Conference on Information Fusion, Florence, Italy, 2006.

[20] Hintz, K. J., and M. Henning, "Instantiation of Dynamic Goals Based on Situation Information in Sensor Management Systems," Signal Processing, Sensor Fusion, and Target Recognition XV, Orlando, FL, 2006.

[21] Pappis, C. P., and C. I. Siettos, "Fuzzy Reasoning," in Search Methodologies, Boston, MA: Springer, 2005, pp. 437 – 474.

[22] Zadeh, L. A., "Fuzzy Sets," Information and Control, Vol. 8, No. 3, 1965, pp. 338 – 353.

[23] Zadeh, L. A., "Outline of a New Approach to the Analysis of Complex Systems and Decision Processes," IEEE Transaction on Systems, Man, and Cybernetics, Vols. SMC – 3, No. 1, 1973, pp. 28 – 44.

[24] Gupta, V. A., and S. Soni, "Review of Fuzzy Decision Tree: An Improved Decision Making Classifier," SSRG International Journal of Computer Science and Engineering, Vol. 1, No. 9, 2014, pp. 27 – 32.

[25] Smith, J. F. I., and R. D. I. Rhyne, "A Fuzzy Logic Algorithm for Optimal Allocation of Distributed Resources," 2nd International Conference on Information Fusion (FUSION99), Sunnyvale, CA, 1999.

[26] Gurgen, L., et al., "A Scalable Architecture for Heterogeneous Sensor Management," 16th International Workshop on Database and Expert Systems Applications (DEXA'05), Copenhagen, 2005.

[27] Gilliam, C., et al., "Covariance Cost Functions for Scheduling Multistatic Sonobuoy Fields," 21st International Conference on Information Fusion, Cambridge, UK, 2018.

[28] Panella, I., "High - Level Functional Architecture for Sensor Management System," 2008 Bio - inspired, Learning and Intelligent Systems for Security, Edinburgh, Scotland, 2008.

[29] Kalandros, M., and L. Y. Pao, "Controlling Target Estimate Covariance in Centralized Multi-sensor Systems," Proc. 1998 American Control Conference, Philadelphia, PA, 1998.

[30] Wei, M., et al., "Game Theoretic Multiple Mobile Sensor Management Under Adversarial Environments," 2008 11th International Conference on Information Fusion, Cologne, Germany, 2008.

[31] Li, X., et al., "A Geometric Feature - Aided Game Theoretic Approach to Sensor Management," 2009 12th International Conference on Information Fusion, Seattle, WA, 2009.

[32] Shi, C., et al., "Game Theoretic Power Allocation for Coexisting Multistatic Radar and Communication Systems," 14th IEEE International Conference on Signal Processing (ICSP), Beijing, China, 2018.

[33] Wu, W., et al., "Airborne Sensor Management and Target Tracking Based on Market Theory," 11th IEEE International Conference on Networking, Sensing and Control, Miami, FL, 2014.

[34] Avasarala, V., T. Mullen, and D. Hall, "A Market - Based Approach to Sensor Management," Journal of Advances in Information Fusion, Vol. 4, No. 1, 2009, pp. 52 - 71.

[35] Bussman, S., "An Agent - Oriented Architecture for Holonic Manufacturing Control," First Open Workshop IMS Europe, , Lausanne, Switzerland, 1998.

[36] Benaskeur, A. R., et al., "Holonic Control - Based Sensor Management," 2007 10th International Conference on Information Fusion, Quebec, Canada, 2007.

[37] Hilal, A. R., A. Khamis, and O. Basir, "HASM: A Hybrid Architecture for Sensor Management in a Distributed Surveillance Context," 2011 International Conference on Networking, Sensing and Control, Delft, Netherlands, 2011.

第 6 章
传感器管理的人工智能

6.1 引 言

基于信息的传感器管理(IBSM)的优势只有在以机器速度处理数据和决策时才能体现。人在环路上(HOL)模型有助于实现 IBSM 的训练和监控,人在环路中(HIL)模型引入了不可接受的延迟。可以交给机器的任务应该交给机器来做,这将有助于提高响应速度,并推动对先进技术的实时态势评估和感知。人工智能(AI)领域的最新进展为几个领域带来了希望。通过减少在获取态势信息时使用人工智能而产生的不确定性,目标识别、自然语言处理(NLP)、机器学习和自主系统科学的进展,都有潜力提供实时或近实时传感器管理的解决方案。机器学习不仅可以应用于目标识别和自然语言处理,而且可以以强化学习的形式直接改善传感器的管理。本章将研究 AI 和机器学习领域的最新进展如何与 IBSM 中的这些问题相关联。

6.2 AI 的复兴

在 21 世纪初期,AI 重新兴起,很大程度上是因为应用神经网络(DNN)的深度学习在执行某些高可见性任务方面的出色表现。基于深度神经网络的图像识别和语音识别已经在有限的应用中达到接近人类的水平。例如,2017 年,由谷歌 DeepMind 公司在伦敦编写的基于深度神经网络的人工智能程序 AlphaGo Master[1] 成功击败了围棋世界冠军(人类)棋手[2]。

AlphaGo 及其后继者使用蒙特卡洛树搜索算法,根据之前通过机器学习"学习到"的知识,特别是通过人工神经网络(一种深度学习方法)的广泛训练,从人

本章由威尔·威廉森撰写,他是美国海军研究生院电子与计算机工程系的副教授。

类和计算机游戏中找到自己的棋路[1,3]。

这是一项重大成就,因为围棋比国际象棋复杂几个数量级。自从 IBM 的"深蓝"专用国际象棋计算机在 1997 年击败世界冠军加里·卡斯帕罗夫以来,国际象棋计算机的表现一直优于人类。DeepMind 通过发布应用程序接口(API)并在实时战略游戏"星际争霸"对抗中鼓励开发,来继续发展 AI 的对抗性战略思维能力[4]。有大量的工作描述了强化学习在提升机器人玩家中的应用。上万个专业玩家的游戏重回放,可以提供大量的数据集。事实证明,尽管要达到像国际象棋机器人和 AlphaGo 这样的人工智能程序的水平,还有很长的路要走;基于丰富数据驱动的强化学习方法可以有效地训练出与熟练的人类玩家相媲美的机器人玩家[5]。相比之下,围棋的状态空间大约是 10^{170},而"星际争霸"则是 10^{1685}[6]。

星际争霸实时战略(RTS)系统在更透彻的角度识别战略方面尚未得到深入探讨。基于所有可能的数据,有可能构建一个人工智能系统,该系统能够推断出玩家机器人的战术决策和战略意图。此任务所需的功能类型对应于实验室联合主管(JDL)数据融合模型的第 2 级和第 3 级[7],即态势评估和影响评估。前面提到的成功示例是弱人工智能(也称为狭义人工智能),是能解决有限范围问题的人工智能。弱人工智能通常会结合大数据和学习算法来完成任务,可以达到甚至超过人类水平。与之相反,强人工智能,或通用人工智能(AGI)旨在开发能够在未经专门训练的新情景下与人类相当的水平上执行决策和任务的机器。这种人工智能需要机器具有人类般的灵活性、创造性和对环境的理解能力。

本书主要关注弱人工智能,并将考虑如何以分层方式利用和协调几种弱人工智能功能来处理日益复杂的功能,即在管理传感器平台集合的传感器资源的有限范围内有效实现认知行为。弱人工智能的例子有图像识别、编队飞行、任务重新规划和错误校正。

在考虑分布式传感器的管理时,认知功能需要理解原始传感器的观察结果、解释这些观察结果的含义、决定需要哪些信息来确认或否决假设的内容以及如何和何时执行任务以获取需要分发到系统的不同部分的信息。

这些认知过程(感知、记忆、推理、判断和决策)包括从低到高认知复杂度(和问题复杂性)排列的广泛功能,并与第 1 章列出的传统美国国防部数据融合小组实验室联合主管(JDL-DFG)数据融合层级进行比较[8-9]。

6.3 AI 能力与 IBSM 功能的特定映射

因为一套传感器会产生一系列的观察结果(对于任何给定的目标),认知过程必须对采样数据进行检测和估计,在这一过程中,传感器对目标或态势的共享知识不断迭代,从而实现认知功能。因此,随着时间的推移,这些过程会积累采样的证据,而证据积累过程必须动态地分布在传感器节点之间(因为它们在目标上获取数据),或者集中在一个公共节点上(如控制站)。虽然分布式数据融合领域已经应用于跟踪和识别问题,但尚未完全解决由一组空中传感器带来的采样数据分布问题,因为这些传感器的采样受卫星重访和目标捕获控制[10-14]。

正确分配认知功能可以确保数据尽快地被处理、传送并呈现给决策支持工具,将响应时间最小化。这进一步支持人在环路上的自主响应,以监视系统的自主决策并取得优先权。

6.4 监督式机器学习

机器学习分为两大类,即有监督式和无监督式。有监督学习需要大量有标记的训练数据,这些数据是从人工分析师标注的代表性数据中抽取的样本。这些训练数据后续会被输入到一个或多个分类器(即当提交无标记数据时,试图为这些数据分配标签的算法)。

一般来说,有监督分类器的训练数据越多,就越准确。在上述列举的方法中,深度神经网络往往需要的数据最多。此外,虽然深度神经网络在图像和语音识别方面表现出了令人印象深刻的性能,但需要认识到的是,只有当训练集的数据对要分类的数据具有很高的代表性时,深度神经网络才能达到这些高水平的性能。深度神经网络极有可能收敛于误差曲面的局部极小值,而不是全局极小值。正如在本章前面讨论的那样,所有这些因素都可能导致深度神经网络变得脆弱,甚至使它们容易受到蓄意的对抗性攻击。

在 IBSM 中,对图像中目标正确分类的过程是计算预期信息价值率(EIVR)的一部分。图像质量和该图像的处理链将决定特定图像提供有用情报的可能性。自动图像处理将极大地加快信息的传递,增加其相关性,并通过更快地积累评估态势所需的证据来改进闭环 IBSM 流程的性能。如果某一特定算法的准确度降低到需要人工检查,那么可以采用一种混合方法,让机器学会请求人工输入来判定低可信度分类。类似的逻辑适用于非图像数据;然而,在信号情报(SIGINT)和电子战斗作战指挥(EOB)领域,信息变化的维度要简单得多,信号的模式识别是一门更加成熟的科学。

6.5 无监督机器学习

无监督机器学习不需要带标注的数据,而是将数据划分为若干包含类似成员的组。可以用多种距离度量定义相似性。当数据特征向量的大部分分量都具有一些非零值时,可以使用欧几里得距离、马氏距离和与两个特征向量之间的余弦相似性等度量相似性。当特征向量的大部分元素为零时(如考虑到消费者从亚马逊提供的所有产品中购买了哪种产品),就需要其他方法度量相似性,如Jaccard相似度,这种方法可以专注于相似采购的规模而忽略没有购买的。

在传感器管理方面,无监督机器学习的效用主要体现在对传感器和感知算法的训练和再训练过程中。在使用数据的早期阶段尤其如此,因为不知道可区分类的数量。例如,一个专家可能知道对手有5种不同的特殊战斗机,但是如果图像识别工具只能区分2个或3个群组,那么必须重新定义类别以适应可用的能力。聚类技术对于发现异常和剔除离群点也很有用。前者可以帮助分析者了解何时出现了新的实体或活动类别,后者可以从训练集中剔除虚假数据,提高分类器的准确性。虽然基于密度和接近度的聚类技术通常用于异常/离群值检测,但也可以以监督、半监督或非监督的方式应用它们。

6.6 数据融合

和大多数生物一样,人类在醒着的每一刻都要依靠多种感官的输入与周围世界保持联系。相比之下,传统ISR系统是烟囱式设计的,其中图像、信号、通信、热学、听觉甚至环境都由单独的系统在不同的时间轴上处理,然后提供给分析人员。分析人员试图处理这些输入的子集,并将结果与查看不同子集的其他分析人员进行比较。任务分配、采集、处理、利用和分发(TCPED)过程中存在的固有延迟,使这个过程变得更加复杂。尽管如此,自从20世纪80年代后期以来,美国国防部就已经认识到,将互补的传感器模式信息结合可以提供许多优势[15]。但是,在实践中,必须考虑相关性、观测在时间和空间上的共视、数据可用性的延迟以及许多其他因素,这些因素决定了如何和何时将数据融合应用于根据IBSM原理运行的多传感器系统。

在进行数据融合时,最基本的决策可能是选择数据融合的层级。频谱的一端是像素级融合,另一端是决策级融合。为了说明特征级融合,考虑一个机载平台,该平台配备有同轴可见光和热成像仪以及合成孔径雷达(SAR)。如果这样一个平台观察一个感兴趣的物体,如一辆装甲车在露天行驶,则可以将车辆的高分辨率图像与热图像重叠以确定发动机是否在运行,并将 SAR 数据与图像进行比较,以验证车辆是否由金属(而不是诱饵)制成。这样特征级融合也具有与图像识别类别一致的预期功能。若传感器没有配置好,且侦察未同时进行,将带来很大的挑战。观察角度、环境因素、活动状态和实体位置的差异都可能引入错误和不确定性,使特征信息的融合变得困难、不可能或毫无意义。因此,特征级融合只能在观察到的特征之间能够正确关联的情况下使用,这就需要传感器管理。

决策级融合允许每个传感器得出关于实体的推论,然后将其与其他传感器数据融合的代理共享该结论。如果一个平台具有在机(舰)特征级融合的能力,则判断结果可以共享。例如,如果可以准确地识别和跟踪单个船舶,则可以使用机器学习来表征正常的交通模式,并将偏离这些模式的行为识别为异常[16]。

在 IBSM 情况下,实体识别是在信息提取阶段执行的,如第 8 章图 8.1 中的框图所示。传感器将决策级信息传递给决策引擎,决策引擎将确定感兴趣对象的身份(如果无法完全识别,则包括未知或一般类别声明)。类似地,关于实体的决策将被提交到另一个级别的决策引擎,该引擎将检查关联实体之间的关系,并尝试确定解释实体行为的更高级别活动。这两个层次的决策引擎可以基于规则或统计学习,由此产生的关于实体及其活动的决策随后将存储在态势评估数据库中。

6.7 存储和推理的本体

拥有一个对问题组成部分(即实体、时间和空间,特别是活动)进行分类和命名的系统是检测和识别活动的前提(以允许建立人类可理解的情报问题计算模型的方式)。这样的系统称为本体。本体由一系列术语组成,这些术语既具有直观的自然语言意义,又具有精确的计算含义。

在 ISR 应用领域存在几个本体,本体提供了识别实体、实体状态和时空关系的方法(见第 3 章 3.2 节)。在 IBSM 的背景下这些本体可适用于 IBSM 功能之外以及传感器和态势评估数据库之间。尽管任何给定过程体系结构的细节可能有所不同,但在某些情况下,传感器将对各个实体的身份和状态进行确定

（JDL-DFG 层级 1 和 2），其中这些单个实体的行为被评估为旨在实现确定目的的特定活动（JDL-DFG 层级 3）。在这一点上，证据推理可用于确定任何特定行动过程的假设，该假设由实体的数量、类型、位置和运动以及从信号、通信、人类情报报告和背景中获得的任何其他信息所支持。

6.8　表征不确定性

在 IBSM 中，实体建模以及从传感器获取的数据等多个层面都会出现不确定性。本节首先考虑传感器测量带来的不确定性，例如成像系统的像素分辨率是否足以区分卡车和坦克，或者仅仅能够确定这只是一辆汽车。执行此类任务的光学传感器标准早已建立[17-18]，SAR 也存在类似的标准[19-20]。为了表征射频信号，用信噪比（SNR）和误比特率（BER）来描述测量质量。测量质量提供了确定性的指标，可以以此确定被测目标的身份。

另一个不确定因素是对目标本身的模型假设的准确性。例如，可以假设一组特征将使自动目标识别（ATR）系统能够唯一地识别某一特定型号的战斗机，否则这些特征只能将其范围缩小到一组类似飞机，并给出错误分类的概率。例如，20 世纪 90 年代初，在索马里冲突期间，美国陆军夜视和传感器理事会（NVESD）一直在研究能够区分军用车辆（如坦克、卡车、装甲运兵车）的自动目标识别算法[21]。在高分辨率下，可以区分坦克模型。然而，这些分析都建立在与使用常规武器的相似对手作战的假设上。但索马里武装所选择的作战车辆却是美军所称的技术性战车（如民用皮卡车，如图 6.1 所示，其简易机枪固定装置通过螺栓固定在卡车底座上[22]）。

在利比亚，一架从飞机上取下的 UB32 火箭发射器被安装在一辆皮卡车上。NVESD 模型中没有对这种即兴创作进行任何说明。在 2003 年，NVESD 也遇到了类似的情况，当时他们的反地雷部门面对的是简易爆炸装置（IED），该部门的任务是探测工业上大规模生产的特定类型地雷。在这种情况下，传感器/自动目标识别将把新的威胁归类为未知威胁，直到用适当的训练数据更新分类模型。

当单项证据可以显示若干不同的可能活动时，也会出现不确定性（如一对多映射）。观察到一架准备从机场起飞的军用飞机，可以表示很多活动，如训练、维修、防御性空中巡逻和进攻性打击等，这只是几个例子。额外的证据可以减少这种不确定性。例如，这架飞机是否有其他飞机伴随？是否有挂载武器的

图 6.1　2011 年利比亚技术性战车[22]

证据?其他机场是否在同一时间段内发生类似事件?可以观察到哪些防空雷达和无线电通信?这些都是 IBSM 努力回答的问题,但是需要用机器学习和人工智能来区分这些信息需求的优先级,并对它们进行临时的优先级排序,需要说明额外证据能够减少不确定性的程度。然而,因为通常不可能准确地确定概率大小,关于不确定性本身的不确定性使概率方法的应用复杂化。定量地预测证据的影响通常是不可能的,因此可能需要依靠定性方法。

6.9　定性推理

定性推理方法在某些方面既与概率推理有关,又与自然语言处理有关。在最粗略的形式中,定性推理只是简单地给所讨论的命题赋予正、负或零的属性。令人惊讶的是,这个最简单的属性集已被证明足以用于某些故障诊断任务,甚至用于某些物理现象的描述[23]。在提出定性物理学的公式时,文献[24]已经证明了将运动方程式简化为属性可以提供定性的正确结果。

可以通过区间系统(interval system)来表示更复杂的定性概率系统,使用高、中、低等限定词以及正、负属性来描述可能性[25]。这些区间可以解释为具有严格边界或模糊边界,并且已经建立了用于处理这两种类型区间的代数学[26]。

可以很容易看出，像通用过程本体这样的本体非常适合这样的系统的原因。利用自然语言处理技术，将人类分析人员的输入与传感器自动目标识别和态势模型的数据相结合，每个模型都以其原生格式表示可能性，并重新格式化为定性区间尺度。

在分析情报问题时常常遇到这样的情况：许多有用甚至必需的信息要素都是未知的。在这种情况下，从定性推理领域借用一些有价值的工具是可行的，即缺省推理（default reasoning）思想。可以采取以下判断形式：除非有额外的特定信息表明某命题是假的，否则认定该命题是真的；或者采取另一种形式：除非有信息表明某命题是真的，否则认定该命题是假的。对于 IBSM，这可能意味着对于态势评估模型，可以构造一个无需知道确切的相关值即可判断下一条信息请求语境的框架。

6.10 传感器管理的分布式认知

以前章节讨论了如何利用 AI 说明传感器数据和建立态势感知（JDL-DFG 级别 1~3 级）。现在考虑如何使用 AI 制定和执行关于规划和重规划传感器任务的决策，以提高采集的效率（JDL-DFG 级别 4）。第 4 级已在 1.1 节中介绍，详见文献[27]。以上是 IBSM 的全部目的，在下面章节中，将关注在包含手动、自主、半自主和自动化流程以及平台的系统中实现 IBSM 所需的技术。

6.11 自 主 等 级

本节将讨论自动化和自主性两个术语。自动化只是简单地将人类的理解和完善过程机械化，而自主性意味着一个系统具有足够的传感器和感知处理以支持对一组可能状态进行推理，并动态选择一个人类可能考虑过或未考虑过的行动方案。自主性不能在循环中将人类完全排除在外，但它确实改变了人类的角色[28]。在过去的几年中，已经提出了针对各种应用的几种分类方法。我们将在这里回顾一些分类法，并讨论如何将这种方法扩展到在协作的自主或半自主传感器平台之间分配认知任务。

分布式认知功能的概念使协调传感器网络的灵活性、可伸缩性和专用性成为可能。目前的技术水平是将原始的传感器数据从空中平台传输到地面，而地面的计算认知功能集中在大型处理设备中。要完全实现 IBSM 在响应能力上的增益,需要增加自主性来管理机载认知过程(调度、传感器平台协调、下行链路和交联信息管理,以应对重点目标)[4]。

6.11.1 自主等级的研究

最近,一篇非常详尽的综述文献描述并比较自动化和自主性程度的 12 种不同的分类方案,并确定了 19 种不同的属性[28]。这些属性描述了这组分类方法定义的概念空间,涵盖了 1950—2015 年的时间跨度。一般来说,自主性程度可以分为 3 个不同的阶段:①人是首要的,计算机是次要的;②计算机与人交互作用一起工作;③人类获取信息的途径越来越少,能力也越来越弱。

没有一种分类方法使用全部 19 个属性,但这并不表示缺乏一致性,而是解决了与其特定应用有关的特定问题。这表明,适用于一个领域的分类方法,如远程医疗或 ISR,可能并不完全适用于其他领域,如自动驾驶汽车或地球遥感卫星。分类法的价值在于能够根据人与机器所期望输入的具体比率,将任务需求映射到技术解决方案。Endsley 在这项工作[29]中坚定地认为,保持人在环路上并充分了解态势是至关重要的[30],这样,如果自治系统做了危险或不寻常的事情,人类可以立即取而代之[31]。例如,两架波音 737Max 飞机(2018年 10 月和 2019 年 3 月)坠毁,飞行员不得不通过过长的人工程序来恢复对飞机的控制。

美国国家标准技术研究所(NIST)在 2004 年发布了其自主性分类标准,即"适用于无人系统的自动化等级"(ALFUS)[32]。NIST 模型结合了 Sheridan 和 Verplank 在 1978 年提出的 10 级模型[33],并结合他们自己的分析,创建了一个新的 10 级模型。然后 ALFUS 模型将这些自主性等级映射到观察-定位-决策-行为(OODA)循环,并描述在每个自主性等级上实现的分析功能和决策[34]。

美国海军研究生院多源情报研究中心最近开发了一个针对高空(太空和空中)成像和感知系统认知水平的分类法(表 6.1),重点是数据和决策[35]。该模型意味着必须在可用数据上执行特定的认知功能,使机器决策能够区分自主性等级。对于在尺寸、重量和功率方面具有最严格限制的太空应用,与数据存储和处理位置相关的设计决策变得至关重要。

第6章 传感器管理的人工智能

表 6.1 海军研究生院多INT研究中心（NPS/CMIS）对地球观测集群的自主性分类法等级

自主性等级	数据操作	机动操作	传感器运行	通信	认知功能
等级1：远程操作	将原始传感器数据传到地面	人类直接控制	具有人工覆写功能的预先规划的采集计划	传输原始传感器数据，传输和接收遥测或控制（T&R）数据	—
等级2：机上传感器处理	JDL-DFG等级0,1：实体检测和分类（如ATR）	同上	同上	从传感器传输元数据	—
等级3：集群编队飞行	感知中自我、集群中其他个体、环境的关系	避免碰撞，保持编队，重新配置编队	用于协调感知的坐标相对位置（立体成像、射频地理定位、稀疏孔径雷达）	—	与集群的其他成员就最有效的方法进行协商，以实现集群目标，同时优化个体电力和燃料消耗
等级4：动态任务分配	JDL-DFG等级0,1：实体检测和分类（如ATR）	适应动态采集任务	动态重新分配集群以应用多源情报，以更好地对检测进行分类	传感器的元数据通知人类操作员优先级的变化	计算动态采集的情报价值，并与预计划的价值进行比较；估计未来的位置，以利于后续传感器的贪婪算法，在短视规划中优先考虑新的采集结果；人类需要进行重新计划任务即可

续表

自主性等级	数据操作	机动操作	传感器运行	通信	认知功能
等级5:机上意义构建（监督式）	JDL-DFG 等级2,3:态势和影响评估	同上	动态重新分配群集的可用传感器以应用多源情报，以更好地评估态势感知	意义构建(sensemaking)引擎报告	根据现有数据，解释有关目标或活动的当前和可能的未来状态；通知对人工智能结论进行确认或拒绝的人类分析师
等级6:机上意义构建（无监督）	JDL-DFG 等级2,3:态势和影响评估	同上	动态重新分配群集的可用传感器以应用多源情报，以更好地评估态势感知	升级系统意义构建(sensemaking)数据库	根据现有数据，解释有关目标或活动的当前和可能的未来状态；基于人工智能结论更新数据库的系统状态
等级7:动态重规划（监督式）	JDL-DFG 等级2,3:态势和影响评估	同上	动态重新分配群集的可用传感器以应用多源情报，以更好地评估态势感知	直接或通过地面站与其他集群中的资产进行协调，并动态地重新规划整个计划	执行长期规划。能够将任务推迟到未来的时间点。与其他集群进行自动联合决策
等级8:动态重规划（无监督）	JDL-DFG 等级2,3:态势和影响评估	同上	动态重新分配群集的可用传感器以应用多源情报，以更好地评估态势感知	直接或通过地面站与其他集群中的资产进行协调，并动态地重新规划整个计划	执行长期规划。能够将任务推迟到未来的时间点。与其他集群进行自动联合决策

6.11.2 适应性使能自治

实际上,目前认为的机器学习(ML)大部分就是机器训练,通过训练机器来识别模式。该模型不考虑机器就地学习的可能性。相比之下,一个能够真正学习和适应的系统,是一个能够感觉到环境已经发生了足够大的变化,从而使所学习的模型能够适应这些变化的系统。没有一定程度的自主性就不可能有适应性。遵循预定义的一组条件语句(如 if-then-else)的规则引擎可能不足以完成复杂的任务,决策引擎应强制反馈学习以及通过观察学习来完善有关行动优先级和目标实现的决策。这就是 20 世纪 80 年代专家系统方法无法取得长期成功的主要原因。

专家系统需要为每一种可能的情况手动制定规则。该方法不仅构建和维护繁琐,在遇到意外情况时也很脆弱,即使与预期的输入参数稍有偏差,也会导致系统对信息进行错误分类和/或做出错误的决策[36]。

6.11.3 测量适应性

适应性可以被认为是系统面对环境、系统状态甚至任务参数本身的意外变化而进行调整以完成任务的能力。适应性、灵活性、可伸缩性和鲁棒性是系统在出现突发性、意外情况的动态环境中必须保持正常运转所需要的属性。这些属性的区别包括:

① 灵活性,系统通过改变系统以满足新需求来提供价值;

② 鲁棒性,系统通过适应任务和需求的变化、能力的增长以及在威胁和环境的变化中发挥可靠功能的提升来提供价值[37-38]。

小卫星的自适应可能出现在 3 个等级:①星座架构必须适应;②个体或小卫星群必须适应;③软件甚至硬件功能必须适应[39]。表 6.1 所列的潜在变化和自动适应涵盖了小卫星网络可能发生的广泛变化。

6.11.4 可预见的适应性

当前的航天器设计包含适应性功能,以实现从电子、射频电源和姿态控制等功能下降中恢复运行。这些功能中的很大一部分均受到监视,其适应性由地面飞行管理人员进行重新配置来实现。美国航天局的一些任务(特别是行星任务,因为长时间延迟的通信阻碍了地面飞行控制员的快速响应)需要自主的适应性。小卫星集群和星座虽然具有地面控制和能力,但由于需要快速响应潜在威胁以避免整个任务失败,因此它们也将受益于自主的适应性。特别是当考虑到蓄意和集中的威胁而不是正常和可预测的功能性能下降(自然空间粒子反转、太阳风暴、组件可靠性问题)时,这都需要自主性。

6.11.5 不可预见的适应性

不可预见的适应性是一个新兴的研究领域,它将有助于适应真正不可预见的变化,包括学习正常环境和行动的机器学习机制以及能够检测并适应细微和破坏性的变化。例如,DARPA 终身学习机器(L2M)项目正在研究机器学习能力,这将"通过外部数据和内部目标不断学习"[40]。L2M 正在开发一种机器学习系统,这种系统可以学习新任务,不会丧失之前学习任务的能力,并能将之前的知识应用到新态势中,从而开发出更复杂的能力,这将提供下一代自适应 AI 能力[40]。

这种系统能够在现实环境中不断学习并提高性能,同时仍受到预先确定能力限制的约束,这样的系统能够将现有知识应用于新情况,而无需预先编程或训练集合,并且能够针对各种应用基于态势更新网络。

6.11.6 适应性的测量

虽然存在测量软件类别适应性的一般化方法,但此处描述的针对一组传感器的高级功能适应性,要求对传感器网络进行更直接的测量,以在发生变化时响应和维持任务实施(如监视和侦察)[41]。在所有这些系统中,行动终止时都需要进行适当的降级。集群认知能力的适应性度量包括:

① 稳定性,感知性能与目标和活动报告的比较;
② 精确度,目标模型与已建立的地面真实位置的比较;
③ 常态性,测量正常背景估计中的漂移;
④ 反翻,衡量推理失误的次数(超出界限的假设);
⑤ 混淆,衡量未澄清假设的数量。

为了获得在太空任务中做出自主决策所需的认知水平,系统需要在特定任务和系统环境中提供以下类型的知识,即领域知识(事实、理论、启发式方法)、控制系统知识(问题解决和功能模型)、解释或推理知识(阐明决策原因的能力)和系统知识[42]。

6.12 评估自主性的效果

除了物理上能够自主运行之外,传感器系统还必须能够评估其自身状态,它可以用两种类型的意识来描述[31]。第一种意识是自我认知,即详细了解自身的组成部分、当前状态、能力和性能、物理连接以及与环境中其他系统的当前关系。与自我认知相关的关键功能包括:测定和维持轨道,检测并避免来自辐射和碎片的威胁,调整位置以维持簇状构形,安排执行任务和自我维持任务的时间,检测和修复故障和错误,如果做不到这些,则重新规划任务。

另一种需要的意识是背景意识,即准确感知当前环境的能力、与环境进行沟通和交互的能力以及预测环境状态、态势和变化的能力。背景感知包括诠释通过电子和其他传感器获取的环境数据,需要知道地球自转和相对速度、日食周期、地球站可见性、任务区可见性、范·艾伦(VAN Allen)辐射带的位置、大气阻力、任务需求以及邻近卫星(在星簇内外)的位置和状态。

6.13 紧密协同的传感器平台控制模型

本节将讨论文献中描述的一些模型,这些模型与完成共享任务的几个自主系统的控制有关。

(1) 群体机器人技术是一种控制模型,其为大量相同的实体提供简单的指令并通过与最近邻的实体通信以协调彼此来避免碰撞[41-42]。

(2) 编队运动在机器人技术文献中已经得到深入研究,它涉及实体之间的直接交流,这些实体对自己的系统状态和集群状态有着相当准确的认识。在分布式模型中,每个实体都知道集群状态;但在集中式系统中,只有一个主单元需要知道集群状态。决策是基于预先定义的值结构做出的,该结构可以基于规则、势函数或其他值函数。在这个模式中,实体之间需要深度交流来完成协调[43-44]。

(3) 随机机器人技术和部分可观测马尔可夫决策过程(POMDP)是用于机器人控制的常用方法,这些方法说明了一个自治系统容易因传感器限制和对其态势的了解有限而产生估计误差。一个 POMDP 模型将在每个决策步骤中评估其状态的确定性水平,并做出最有可能在每个步骤中优化其目标函数的决策[45-46]。

(4) 协商式目标搜索是对特定集群的另一种控制模型,在此模型中,群组中的每个成员都采取行动来实现各自的目标,同时向集群中的其他成员发出请求并提供服务。当一个实体计算出它所获得的收益与同意协调行动的成本相同或更多时,那么在实体之间就建立了执行互利行动的契约[47-48]。

正如本节所述,多个代理的自治系统需要考虑的不仅是执行协调行动以实现目标的方法,还必须考虑从手头的证据中确定这些目标的认知过程。在上述 4 个类别中,只有后两个涉及认知,但所有 4 个类别都能提供控制。

6.14 机器学习

尽管深度神经网络的准确性很高,但通过添加一些噪声或叠加其他图像就可以很容易地对其进行操纵,从而产生所需的结果。对 AI 的对抗性攻击中有一个经常被引用的例子,即简单地改变 3D 打印的海龟纹理,深度神经网络就会将 3D 打印的海龟误分类为步枪[43]。

对抗性攻击有多种形式,该领域是一个非常活跃的研究领域[44]。如图 6.2 所示,3D 打印的海龟从各个角度被错误地归类为步枪,这是对抗性攻击的一种例子。

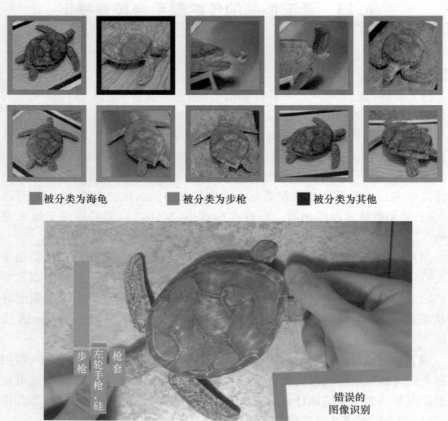

图 6.2 一个对抗性攻击的例子——3D 打印海龟从每个角度被错误地归类为步枪

一些流行的对抗技术在文献中有很好的记录,包括快速梯度符号法,其利用了人工神经网络在高维空间中的线性性质[45]；基于雅可比矩阵的显著图攻击[46]，仅通过修改少量（甚至只有一个）像素即可有效攻击；以及最小似然类迭代方法[47]。为应对快速增长的威胁，对对抗性 AI 的对策研究也在不断深入。例如，IBM 发布了"对抗鲁棒性工具箱"，该工具箱可保护深度神经网络免受对抗性攻击，从而确保 AI 系统安全[48]。该工具箱还可用于创建保护系统的新技术，以及将任何已开发的防御系统与现有系统进行基准测试的新方法。

6.15 人工智能的可解释性

鉴于在深度神经网络图像识别系统的对抗性攻击方面取得的成功，越来越依赖 AI 的操作员想知道机器为什么会做出这样的分类决定，这给典型的深度神经网络带来了比统计分类方法更大的挑战。决策树的本质是可以理解的，而深度神经网络通过训练设置高度互连节点的各层权重来做出决策，其中节点和连接不符合有意义的人类概念。

DARPA 在 2016 年启动了可解释 AI（XAI）项目，并且通过显著图突出图像中对分类决策贡献最大的像素，在可解释深度神经网络方面取得了一些进展[49]。图 6.3 给出了一个示例，显示深度神经网络分类器自动选择并用于识别猫和狗的像素[50]。显著图技术可以使人们立即发现错误的假设，但这只是预先确定的，而不是实时的，这就要求必须在分析错误之前检测出错误。

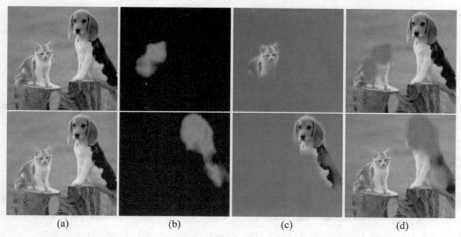

图 6.3　可解释 AI 项目示例

（a）输入图像；（b）生成的显著图；（c）用于分类的 RGB 像素；（d）叠加反面部的图像。

当从图像检测领域转向更抽象的模式识别(如描述军事或经济战略)时,很难想象显著图将如何应用。

参考文献

[1] Wikipedia, " AlphaGo," June 22, 2019. https://en. wikipedia. org/wiki/AlphaGo. Accessed June 27, 2019.

[2] Kasparov, G., Deep Thinking, New York: Public Affairs, 2017.

[3] Silver, D., et al., "Mastering the Game of Go with Deep Neural Networks and Tree Search," Nature, Vol. 529, January 2016, pp. 484 – 489.

[4] DeepMind Technologies Limited, "DeepMind Blog," November 4, 2016. https://deepmind.com/blog/deepmind – and – blizzard – release – starcraft – ii – ai – research – environment/. Accessed June 27, 2019.

[5] Synnaeve, G., and P. Bessiere, "A Bayesian Model for Opening Prediction in RTS Games with Application to StarCraft," 2011 IEEE Conference on Computational Intelligence and Games (CIG'11), Seoul, South Korea, 2011.

[6] Ontanon, S., et al., "A Survey of Real – Time Strategy Game AI Research and Competition in StarCraft," IEEE Transactions on Computational Intelligence and AI in Games, Vol. 5, No. 4, 2013, pp. 293 – 311.

[7] Llinas, J., et al., "Revisiting the JDL Data Fusion Model II," Space and Naval Warfare Systems Command, San Diego, CA, 2004.

[8] Steinberg, A., and C. Bowman, "Revisions to the JDL Data Fusion Model," in Handbook of Multisensor Data Fusion, Boca Raton, FL: CRC Press, 2008, pp. 65 – 88.

[9] Waltz, E., Intelligence Integration and Automation, National Intelligence University Press, 2018.

[10] Chong, C. – Y., K. – C. Chang, and S. Mori, "Distributed Tracking in Distributed Sensor Nets," 1986 American Control Conference, Seattle, WA, 1986.

[11] Chong, C. Y., and S. Kumar, "Sensor Networks: Evolution, Opportunities, and Challenges," Proceedings of IEEE, Vol. 91, No. 8, 2003, pp. 1247 – 1256.

[12] Chong, C. Y., and S. Mori, "Distributed Fusion and Communication Management for Target Identification," 2005 7th International Conference on Information Fusion, Philadelphia, PA, 2005.

[13] Liggins, M., et al., "Distributed Fusion Architectures Algorithms for Target Tracking," Proceedings of the IEEE, Vol. 85, No. 1, 1997, pp. 95 – 107.

[14] Mahler, R., "Optimal/Robust Distributed Data Fusion: A Unified Approach," Proc. SPIE 4052, Signal Processing, Sensor Fusion, and Target Recognition IX, Orlando, FL, 2000.

[15] Waltz, E., and J. Llinas, Multisensor Data Fusion, Norwood, MA: Artech House, 1990.

[16] Cazzanti, L., and G. Pallotta, "Mining Maritime Vessel Traffic: Promises, Challenges, Techniques," IEEE Oceans 2015, Genova, IT, 2015.

[17] Daniels, A., "Johnson Criteria," in Field Guide to Infrared Systems, SPIE Press, 2006, pp. 99–100.

[18] Bai, J., et al., "EO Sensor Planning for UAV Engineering Reconnaissance Based on NIIRS and GIQE," Mathematical Problems in Engineering, Vol. 2018, No. 6837014, 2018.

[19] Lin, X., et al., "SAR Image Quality Assessment and Indicators for Airport Detection," IET International Radar Conference 2015, 2015.

[20] Vespe, M., and H. Greidanus, "SAR Image Quality Assessment and Indicators for Vessel and Oil Spill Detection," IEEE Transactions on Geoscience and Remote Sensing, Vol. 50, No. 11, 2012, pp. 4726–4734.

[21] Ratches, J. A., et al., "Aided and Automatic Target Recognition Based Upon Sensory Inputs from Image Forming Systems," IEEE Transactions on Pattern Analysis and Machine Intelligence, Vol. 19, No. 9, 1997, pp. 1004–1019.

[22] Pearson, M., "Technical Support Vehicles in Somalia," October 23, 2013. http://www.markpearson.co.uk/blog/2013/10/23/technical-support-vehicles-in-somalia. Accessed September 26, 2019.

[23] Lee, M., and A. Ormsby, "A Qualitative Circuit Simulator," The Second Annual Conference on AI, Simulation and Planning in High Autonomy Systems, Cocoa Beach, FL, 1991.

[24] Hayes, P. J., The Naive Physics Manifesto, worldcat.org, 1978.

[25] Dubois, D., and H. Prade, "Evidence, Knowledge, and Belief Functions," International Journal of Approximate Reasoning, Vol. 6, No. 3, 1992, pp. 295–319.

[26] Pramod, J. A., and A. M. Agogino, "Stochastic Sensitivity Analysis Using Fuzzy Influence Diagrams," Machine Intelligence and Pattern Recognition, Vol. 9, 1990, pp. 79–92.

[27] Blasch, E. P., "One Decade of the Data Fusion Information Group (DFIG) Model," Proc. SPIE 9499, Next-Generation Analyst III, Baltimore, MD, 2015.

[28] Vagia, M., A. Transeth, and S. Fjerdingen, "A Literature Review on the Levels of Automation During the Years. What Are the Different Taxonomies That Have Been Proposed?" Applied Ergonomics, Vol. 53, No. A, 2016, pp. 190–202.

[29] Endsley, M. R., "The Application of Human Factors to the Development of Expert Systems for Advanced Cockpits," Proceedings of the Human Factors Society Annual Meeting, Los Angeles, CA, 1987.

[30] Endsley, M. R., "Toward a Theory of Situation Awareness in Dynamic Systems," in Situational Awareness, Routledge, 2017, pp. 9–42.

[31] Scrofani, J., et al., "Artificial Intelligence and Machine Learning for Space-Based Applications," Monterey, CA, 2018.

[32] Huang, H. M., "Autonomy Levels for Unmanned Systems (ALFUS) Framework Volume I: Terminology Version 2.0," NIST, 2004.

[33] Sheridan, T. B., and W. L. Verplank, "Human and Computer Control of Undersea Teleoperators,"

Cambridge, 1978.

[34] Boyd, J. R., Organic Design for Command and Control, self – published, 1987.

[35] Naval Postgraduate School, "CMIS Research," https://my.nps.edu/web/cmis/research.

[36] Kaplan, A., and M. Haenlein, "Siri, Siri, in My Hand: Who's the Fairest in the Land? On the Interpretations, Illustrations, and Implications of Artificial Intelligence," Business Horizons, Vol. 62, No. 1, 2019, pp. 15 – 25.

[37] Ross, A. M., D. H. Rhodes, and D. E. Hastings, "Defining System Changeability: Reconciling Flexibility, Adaptability, Scalability, and Robustness for Maintaining System Lifecycle Value," Proc. INCOSE, 2007.

[38] Miner, N. E., et al., "Measuring the Adaptability of Systems of Systems," Military Operations Research, Vol. 20, No. 3, 2015, pp. 25 – 37.

[39] Subramanian, N., and L. Chung, "Software Architecture Adaptability: An NFR Approach," Proc. of the 4th International Workshop on Principles of Software Evolution, Vienna, Austria, 2001.

[40] Siegelmann, H., "Lifelong Learning Machines (L2M)," DARPA, https://www.darpa.mil/program/lifelong – learning – machines. Accessed September 16, 2019.

[41] Subramanian, N., and L. Chung, "Metrics for Software Adaptability," www.utdallas.edu/~chung/ftp/sqm.pdf.

[42] Vassev, E., and M. Hinchey, Autonomy Requirements Engineering for Space Missions, New York: Springer, 2014.

[43] Athalye, A., et al., "Synthesizing Robust Adversarial Examples," Proceedings of the 35th International Conference on Machine Learning, Stockholm, Sweden, 2018.

[44] Akhtar, N., and A. Mian, Threat of Adversarial Attacks on Deep Learning in Computer Vision: A Survey, IEEE Access, 2018.

[45] Goodfellow, I. J., J. Shlens, and C. Szegedy, "Explaining and Harnessing Adversarial Examples," International Conference on Learning Representations 2014, Banff, Canada, 2014.

[46] Papernot, N., et al., "The Limitations of Deep Learning in Adversarial Settings," 1st IEEE European Symposium on Security & Privacy, Saarbrucken, Germany, 2016.

[47] Kurakin, A., I. Goodfellow, and S. Bengio, "Adversarial Examples in the Physical World," International Conference on Learning Representations, Toulon, France, 2017.

[48] IBM.com, "The Adversarial Robustness Toolbox: Securing AI Against Adversarial Threats," https://www.ibm.com/blogs/research/2018/04/ai – adversarial – robustness – toolbox/.

[49] DARPA, "Explainable Artificial Intelligence (XAI)," https://www.darpa.mil/program/explainable – artificial – intelligence.

[50] Dabkowski, P., and Y. Gal, "Real Time Image Saliency for Black Box Classifiers," NIPS '17 Proceedings of the 31st International Conference on Neural Information Processing Systems, Long Beach, CA, 2017.

第 7 章

MQ-4C"人鱼海神"无人机：案例研究

7.1 MQ-4C 海上广域监视系统概述

本章基于一个作战传感器系统的任务案例来探讨传感器管理的原理和方法。具体地，如图 7.1 所示，以美国海军的 MQ-4C"人鱼海神"广域海上监视（BAMS）无人机系统为例对此应用进行重点说明[1]。

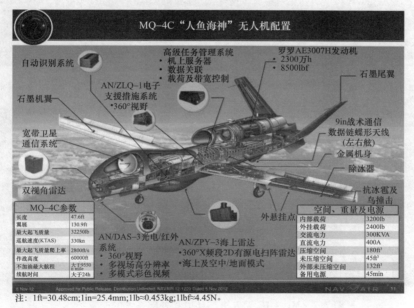

图 7.1 MQ-4C 无人机系统功能[1]

本章由约翰·C. 伯基（John C. Burkey）撰写，他拥有 41 年在军事及国防工业的工作经验，是设计和部署地面及机载信号情报、电子战和 ISR 系统的总工程师和架构师。

MQ-4C无人机是一个可持续提供海上ISR能力的自主操作系统,它使用多个海用传感器为广阔的海洋和沿海地区提供实时的ISR能力。ISR是一项综合了情报和作战的活动,它同步并整合了传感器、资产、处理、利用、分发系统的计划和操作,为当前和未来的作战提供直接支持[2]。"人鱼海神"无人机的任务包括海上ISR巡逻、信号情报(SIGINT)、搜救、通信中继[1]。MQ-4C"人鱼海神"无人机同P-8A飞机相似,都是美国海军海上巡逻和侦察部队(MPRF)系统不可或缺的组成部分,其中MQ-4C"人鱼海神"是由该部队操控的。巡逻和侦察大队指挥官是有人/无人集成概念的发起人[3]。"人鱼海神"无人机其中一个关键任务是配合P-8A"海神"侦察机,原因是后者主要执行反潜作战(ASW)任务,难以同时执行额外的ISR任务。MQ-4C负责执行高空ISR任务,而P-8A执行反潜作战任务,并且两个平台的操作员可以在执行任务中进行交流和协作[4]。广域海上监视在美国国防部体系结构框架(DoDAF)的高级作战概念作战视图1(OV-1)如图7.2所示,展示了MQ-4C无人机与环境和外部系统的交互[5]。这些互动包括直接向部署部队和上级机构分发情报。

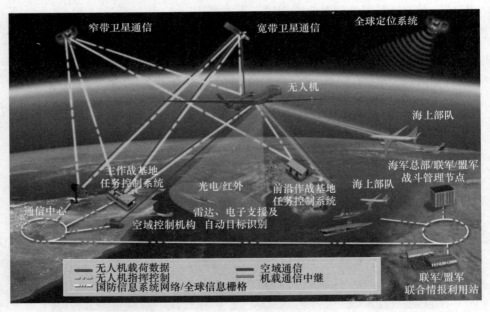

图7.2　MQ-4C无人机与环境和外部系统的交互[5]

海上作战中心(MOC)是一个上级机构,设立在所有舰队和海军总司令部[6]。海上情报作战中心(MIOC)是该中心的主要情报支持机构,负责获取、维护和分享与情报有关的态势感知情况。MIOC是一个全新的情报组织,运转和调度取决于指挥官的需求以及 MOC 既定的战斗规划,主要职能是规划、实施、收集、分析和分发可靠且及时的情报以满足指挥官及参谋的需要。这些行动侧重于敌方意图、指示与告警(I&W)、情报行动(IO)、目标瞄准和评估。在遂行监视、评估、规划和指导过程中,情报必须作为一个操作要素。虽然情报本身也是一项作战职能,但它在其他作战职能的规划和执行过程中也承担支撑角色。MIOC 最显著的作用是提供指示与告警的观察哨,负责建立敌方部署和活动的态势感知,对敌方即将开展的行动进行预测分析,并通过报告和持续输入的方式将情报传达给通用态势图[7]。

如图 7.3 所示,MQ-4C 支持第 3~7 舰队计划的部署策略。海军舰队中负责信息主导的海军作战副部长(N2s),其职责是支撑其作战区域内部署部队的情报需求[8]。MQ-4C 无人机的传感器为舰队作战副部长完成其情报需求任务提供持续的可用监视资源。针对这些需求,传感器的情报收集管理必须能够满足多个目标任务,包括在同一地区或频段进行多次重复收集,以形成常态化的活动样式,形成后面讨论的作战环境情报准备(IPOE)模板,触发收集活动以便调查反常活动,确定与此前未发现的作战模式相关的威胁行动或特征的迹象和预警,指导具体时间、具体位置对特定频段的情报收集活动,以及解决与指挥官关键信息需求(CCIR)相关的优先目标。计算通过特定海峡的平均交通流量是确定行动样式的一个示例。反常行为的例子包括:水面船只在航行时关闭了必须打开的自动识别系统(AIS)信号,或船队没有出现在预期位置或出现在意外位

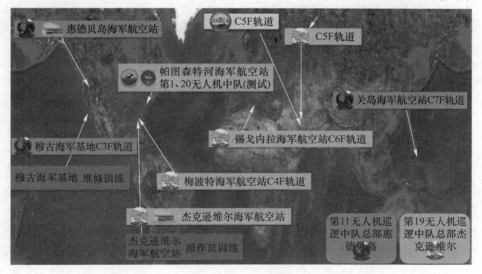

图 7.3　MQ-4C 支持第 3~7 舰队的计划部署策略[8]

置。一个非连续情报收集的例子是跟踪并监测特定水面目标以确定火力打击的位置。MQ-4C 无人机系统的传感器管理和调度，必须解决多功能有源传感器（MFAS）雷达辐射对信号情报子系统性能的影响，而信号情报传感器管理还必须在多个频段扫描搜索信号模式和聚焦特定频段不间断监视模式之间平衡接收机资源的使用问题。

7.2　MQ-4C 无人机简史

MQ-4C"人鱼海神"无人机系统于 2008 年 4 月达到里程碑 B，并在 2011 年 2 月完成关键设计评审，2013 年 5 月 23 日进行首飞，2014 年 3 月完成初次包络扩展飞行，2014 年 12 月在马里兰州海军航空站帕图森特河开始进行传感器集成工作，2015 年 11 月完成作战评估，2016 年实现里程碑 C 后进入生产及部署阶段，2018 财年基本型"人鱼海神"无人机具备早期作战能力（EOC）[9]。2018 年 5 月 31 日，美国海军宣布"人鱼海神"无人机系统在加利福尼亚州穆古海军基地第 19 无人机巡逻中队（VUP-19）实现初始作战能力 EOC[10]，其主要任务是遂行海上巡逻，以增强海军 P-8A"海神"有人海上巡逻机的能力，并在 2020 财年由具备初始作战能力的 MQ-4C 多情报无人机取代[11]，2020 财年开始初始作战测试与评估，计划于 2021 财年具备初始作战能力[9]。

MQ-4C"人鱼海神"无人机以美国空军的 RQ-4B"全球鹰"为基础，对机身进行了加强以便提升内部载荷携带能力，针对冰雹、鸟击和阵风，除冰进行机翼强化，同时加强防雷系统。这些强化功能使其能在恶劣的海上天气环境中上升或下降，以便在需要时能接近船只和其他海上目标。该无人机飞行能在 50000ft 的巡航高度上飞行，续航超过 24h，作战半径 8200n mile，能在海上环境中提供持续 ISR 能力[12]。

7.3　MQ-4C 传感器载荷

"人鱼海神"的传感器载荷包括 AN/ZPY-3 多功能有源电扫相控阵（AESA）雷达、AN/DAS-3 多光谱瞄准系统（MTS）光电/红外传感器、自动识别系统（AIS）接收机和 AN/ZLQ-1 电子支援措施（ESM）系统[13]。此外，"人鱼海神"无人机的载荷还包括 ARC-210 机载通信中继电台以及一个用于实现 Link-16 数据链通信的多功能信息分发系统（MIDS）终端[14]。

AN/ZPY-3 MFAS 是一种带有 360°视场的有源电子扫描阵列（ESA）雷达，用于海上监视。X 波段二维传感器结合了电子扫描和机械旋转的特点，使雷达能够更长时间地关注一个地理区域，以提高对小目标的探测能力，特别是在海杂波环境。AN/ZPY-3 MFAS 传感器是第一个从极远距离对开阔海洋和沿岸地区提供 360°持久性覆盖的雷达系统。AN/ZPY-3 MFAS 传感器使用包含电子扫描的旋转传感器，可以在各种监视方法之间灵活切换模式，其中包括用于跟踪海上目标的海面搜索(MSS)模式和用于船舶分类的逆合成孔径雷达(ISAR)模式。在 MSS 扫描期间，图像-扫描能力被用于交错使用持续时间很短的 ISAR 功能(ISAR 快照和高范围分辨率)。两种合成孔径雷达(SAR)模式用于地面搜索；对地面和静止目标的图像采用斑点 SAR，对沿固定线的图像采用条带 SAR[1]。

AN/DAS-3 系统已部署在多种平台上，可提供高分辨率的光电图像和全运动视频，该系统由雷神公司研制，是高清晰度传感器产品系列的一员，具备涵盖可见光到长波红外波段、二极管抽运激光指示/测距、激光目标标记、自动瞄准、3 种模式目标跟踪和移动目标自动截获等能力[15]。

MQ-4C 的数据源包括自动识别系统的输入，该系统由通过 VHF 广播发送船舶的识别数据、位置、速度和航向的舰载转发器组成[16]。根据国际海上协议的规定，大部分排水量超过 300t 的船舶需安装自动识别系统，且要求逐年扩大到其他船舶。自动识别系统的数据可辅助其他传感器探测到海上交通流量，并有助于将没有自动识别系统或已经关闭自动识别系统的船只隔离开来。

"人鱼海神"无人机的信号情报传感器是 AN/ZLQ-1 电子支援措施系统，这是一种全数字系统[16]，可对感兴趣的辐射源进行检测和跟踪，识别出特定的辐射源[17]，可在 360°全向范围内对 555km(33n mile)内的目标进行测向[18]。这套系统也被称为"梅林"系统，已经部署在美国海军的 EP-3E 信号情报飞机上[19]。同时海军有一项称为 MQ-4C 综合功能能力(IFC)4.0 的信号情报升级计划，将安装一个信号情报传感器载荷，其组件来自波音阿贡 ST 公司和内华达山集团。美国海军的计划要求在 2021 年交付升级了综合功能性能 4.0 的"人鱼海神"无人机，以配合海军 EP-3E 的退役工作[20]。

MQ-4C 无人机未来的传感器升级计划包括集成感知与规避(SAA)雷达系统，使无人机不仅能避免与其他有人/无人机相撞，还能在受控空域与商用客机及其他飞机一起安全飞行。目前，由得克萨斯州达拉斯市的 RDRTec 公司研制的通用雷达自动避撞系统(C-RACAS)，为 MQ-4C 和 MQ-8"火力侦察兵"无人直升机提供了感知与规避能力和规避恶劣天气的能力。通用雷达自动避让系统是一种 C 频段雷达，通过探测空中目标的位置并估计飞行路径，为 MQ-4C 提供对周围环境的态势感知能力[11]。

根据计划，基于政府开放体系架构的"牛头人"跟踪管理及任务管理系统，将为 MQ-4C 无人机提供传感器数据处理功能[21-22]。"牛头人"由约翰·霍普金斯大学应用物理实验室开发,负责处理来自各种传感器的数据并分发信息,其软件设计采用开放体系结构,具备类似计算机的面向服务架构,主要功能包括移动水面雷达跟踪、传感器偏差校正、数据关联、任务重放、传感器控制、传感器显示和跟踪管理[23]。"牛头人"将采集到的传感器数据整合成一张综合图像,并与多种飞机和舰船共享,从而有机会与 P-8A 飞机进行整合和组队[24]。此外,"牛头人"的软件也已经集成到美国海岸警卫队的 ISR 飞机中[25]。

7.4 MQ-4C 作战管理

指挥官利用装备有 MQ-4C 无人机的部队执行长时间海上监视行动,并开展中高空情报收集[26]。MQ-4C 无人机系统由 3 个主要部分组成,包括搭载了传感器的无人机、主作战基地(MOB)和前沿作战基地(FOB)[27],其中 2 个基地的指控任务规划人员和传感器操作人员为无人机自主运转提供支持。主作战基地的工作人员就好像在 MQ-4C 上那样操作无人机。主作战基地和前沿作战基地的无人机操作员(AVO)通过卫星通信或视距通信实现指挥控制。部署在前沿作战基地的无人机将由本地的维护人员来维修,并由本地无人机操作员起飞。无人机升空后,指挥控制将移交给指定的主作战基地。从无人机操作员的角度看,MQ-4C 实际是根据仪表飞行规则来运行,因为它并没有支持无人机操作员视角的前视摄像机[1]。载荷(传感器)数据直接反馈给任务控制系统(MCS),由战术和传感器操作员实时监控反馈信息。战术协调员、任务载荷操作员和信号情报协调员对感兴趣的海上及濒海目标进行探测、分类、识别、跟踪和评估,并收集图像和信号情报信息[26]。无人机采集到的传感器数据会分发给舰队单位,以支持各种海上任务,包括水面作战、情报行动、打击战、海上拦截、两栖作战、国土防御和搜救[28]。无人机采集到的传感器数据还进入传送站,再分发给全天候待命的国家情报中心。传感器数据的质量使得可以基于硬数据作出决策,而较少依靠判断作出决策。当传感器数据传输到通用数据链后,可同时分发至航母、P-8A 甚至前线部队,同时情报部门也能对数据做深入分析[27]。

海军使用联合任务规划系统(JMPS)规划 MQ-4C 的出勤架次,该系统被海军作战部长指定为海军的自动任务规划系统[29]。海上联合任务规划系统(JMPS-M)是海军任务规划系统(NavMPS)的主要产品,海军利用它为飞机加载任务数据。JMPS-M 为 MQ-4C 无人机的任务规划人员提供信息及决策辅助,使其能快速规划无人机和传感器的任务、将任务数据加载到无人机以及进行任务演练和性能评估[29]。

无人机作为一种高需求的 ISR 资源，根据需求的优先排序进行任务规划和传感器管理[7]。MQ-4C 是一个战术、陆基、前线部署平台[30]，在 5 个全球轨道执行任务，包括关岛、意大利的锡戈内拉、巴林的第五舰队、佛罗里达州的梅波特、华盛顿州的惠德贝岛，并在惠德贝岛海军基地和佛罗里达州杰克逊维尔海军基地设有主要作战基地[27]，这些部队和轨道位置如图 7-3 所示。这些轨道位于飞机基地内，以便为在传感器关注区域内的舰队单位提供常规 ISR 支援。MQ-4C 无人机的主要任务是在没有海军其他部队的情况下，与 P-8A"海神"侦察机配合持续进行广域海上及濒海监视。MQ-4C 无人机响应联合部队及舰队指挥官、作战指挥官、远征攻击群指挥官、航母攻击群指挥官及其他指定的美国和联合指挥官的情报需求，并响应战区级行动或国家战略任务[30]。此类数据采集和分发任务的例子包括作为传感器-射击杀伤链输入的攻击支撑，收集信号情报、遂行通信中继等[31]。

7.5 MQ-4C 作战指导原则

MQ-4C 无人机作为美国海军的空中 ISR 资源，其部署规划和指导遵循海军作战程序 NWP 2-01 的《海上作战情报支持》[7]、联合出版物《军事行动的联合及国家情报支持》(JP 2-01)[2]和《联合空中作战的指挥控制》(JP 3-30)[2]。其中，NWP 2-01 和 JP 2-01 定义了开发优先情报需求 (PIR) 的流程，并将这些需求转化为可由收集资产执行的具体情报需求 (SIR)。JP 3-30 规定了空中作战参谋 (N3/J3) 如何使飞机满足情报参谋 (N2/J2) 确定的 ISR 收集需求的流程。MQ-4C 遵循的任务规划及传感器管理职能包括将作战环境情报准备 (IPOE) 或战场情报准备 (IPB) 的条令方法和概念应用到数据库的构建和维护中，该数据库为传感器管理的处理算法提供基本数据。《作战环境的联合情报准备》(JP2-01.3) 提供了战场情报准备过程的详细流程信息。作战环境情报准备/战场情报准备是一个连续的过程，情报人员通过该过程管理情报产品的分析和开发，帮助指挥官和参谋理解复杂、相互关联的作战环境 (OE)，该作战环境是由影响指挥官决策能力运用的条件、环境以及影响因素组成的一个综合体[7]。无人机采集管理人员使用 IPOE/IPB 方法来制作传感器管理功能中使用的模板。MQ-4C 收集到的数据有助于实时更新舰队司令部的海上通用作战图 (COP) 以及美国海军海上巡逻与侦察部队随后的作战环境情报准备活动[19]。

传感器管理及控制功能整合了条令中情报流程的指导、收集和处理类别，包括评估和反馈机制。传感器的管理及控制与情报流程的这种重叠关系如图 7.2 所示[5]。传感器管理根据计划和指导活动生成具体的传感器收集任务。传感器管理及控制将处理和利用活动的新结果实时反馈给传感器收集行动。任务载荷操作员实时控制雷达和光电/红外功能,而信号情报功能由信号情报协调员控制。无人机在飞机操作员的监视下根据仪表飞行控制进行机动,而飞机操作员在飞行中有接管控制的能力[7]。

7.6 MQ-4C 任务想定的传感器管理

如图 7.4 所示,MQ-4C 无人机系统使用传感器管理和传感器控制功能的概念和手段来计划和执行 ISR 出勤任务,将情报请求和信息需求转化为有用的情报和战斗信息。图 7.5 描述了从请求到结果的设想流程,与本书讨论的传感器管理和传感器控制概念有一定的重合。

舰队的 N2/J2 和 N3/J3 可以组成一个海上情报作战中心(MIOC)或海上作战中心(MOC),是接受指挥部和上级机构的信息需求和情报请求并采取相应行动的协调中心。N2/J2 的参谋要在作战/战术层面,运用作战环境情报准备和传感器管理原理,确定出能满足这些要求的情报收集策略。当确定 MQ-4C 是满足需求的合适系统时,N2/J2 将制定其特定时间和次数的需求,并将需求传递给负责执行 MQ-4C 无人机出勤任务所在作战部队的 N3/J3。此外,N2/J2 还制定 MQ-4C 无人机在出勤时传感器需要做什么的收集计划,并将该计划交给主

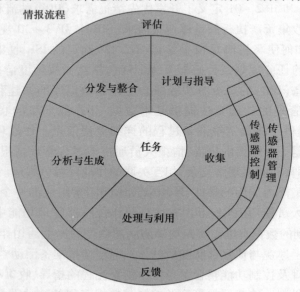

图 7.4 传感器管理和传感器控制功能[7]

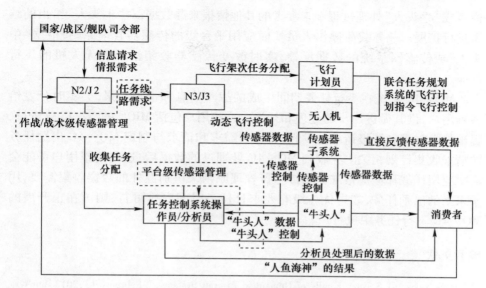

图7.5 从请求到结果的任务流

要作战基地任务控制系统的操作员和分析员,以便支持其遂行出勤任务。

考虑到 N3/J3 的飞行出勤任务,作战单元的飞行计划人员利用联合任务规划系统应用程序来制定飞行计划,明确装载到飞机导航系统用作仪表飞行控制的数据。联合任务规划系统的计划也包含战区的日常空中任务命令。2019年6月19日,MQ-4C 无人机在波斯湾上空被伊朗军方[32]击沉。为了保持对目标全天时的持续监视,飞行规划人员可能需要制定多架无人机的任务规划。

MQ-4C 无人机在前线作战基地为出勤任务待命,执行任务时也是由该基地的支援人员完成起飞操作。这些支援人员对无人机进行飞行检查,并加载联合任务规划系统的航路点。无人机在前线基地的操作员控制起飞,并飞向任务区域。在飞行过程中,无人机的控制权移交给主作战基地的无人机操作人员,而任务载荷操作员则激活并接管传感器子系统。在出勤任务中,除非出现异常、意料之外或高优先级的即时任务要求,才能要求无人机操作员进行动态控制并改变飞行路径;否则无人机只能通过仪表来控制飞行。

传感器子系统在激活后开始产生数据,发送给"牛头人"应用程序和任务载荷分析人员。传感器的部分数据流,如光电/红外视频,也可以实时发送给传感器责任区域的作战单元。任务载荷操作人员直接或通过"牛头人"应用程序提供实时的传感器控制和传感器资源。"牛头人"应用程序通过"牛头人"的关联和跟踪算法对接收到的传感器数据进行处理,形成跟踪和个体识别。任务载荷操作人员还可以对接收到的传感器数据进行评估,并根据作战环境情报提供的模板或"牛头人"处理过程中未参考的其他情报来源数据,对"牛头人"给出的结果进行扩展。任务载荷操作人员实时应用平台级的传感器管理原则,根据"牛头人"或传感器系统的数据反馈,实时改变传感器收集活动和无人机的飞行剖面。

MQ-4C系统在飞行任务期间生成的战斗信息和情报结果,会实时分发给各种用户,供其做进一步的处理和开发。这些用户包括MIOC的N2/J2分析员、提出信息需求和情报请求的发起人,这些需求和请求与制定MQ-4C出勤任务的情报收集计划相关。在收到MQ-4C处理过的数据后,这些情报用户可能会再次应用作战环境情报准备和传感器管理原则来识别额外的数据收集需要,用于未来的出勤任务,如果优先级有要求且任务时间安排可行,则可在正开展的MQ-4C飞行任务中执行。

参考文献

[1] U. S. Navy,"U. S. Navy Family of Unmanned Aircraft Systems," February 13,2013, https://www. hsdl. org/? view&did = 731454, Accessed December 09,2019.

[2] U. S. Army,"Joint Intelligence,Joint Publication 2-0," Washington,D. C. ,2013.

[3] U. S. Navy,"MQ-4C Triton," U. S. Government, http://www. navair. navy. mil/product/MQ-4C. Accessed June 17,2019.

[4] Pomerleau, M. ,"Future Plans Emerge for Navy's Triton Surveillance Drones," April 9, 2018. https://www. defensenews. com/digital-show-dailies/navy-league/2018/04/09/future-plans-emerge-for-navys-triton-surveillance-drones/. Accessed June 17,2019.

[5] Mad Scientist Laboratory,"Leveraging Artificial Intelligence and Machine Learning to Meet Warfighter Needs," 20 February 2018, https://madsciblog. tradoc. army. mil/tag/mq-4c-triton/. Accessed 14 October 2019.

[6] Department of the Navy,"NTTP 3-32. 1," April 2013. http://navybmr. com/study%20 material/NTTP_3-32-1_MOC_(Apr_2013). pdf. Accessed June 17,2019.

[7] Department of the Navy,"NWP 2-01," November 2010. Intelligence Support To Naval Operations,NWP 2-01. Accessed June 17,2019.

[8] U. S. Naval Institute,"Navy:First Operational MQ-4C Tritons Will Deploy to Guam By Year's End," April 10,2018. https://news. usni. org/2018/04/10/navy-first-operationalmq-4c-tritons-will-deploy-guam-years-end. Accessed June 17,2019.

[9] Department of the Navy,"U. S. Navy Program Guide,2017," https://www. navy. mil/strategic/ npg17. pdf. Accessed June 17,2019.

[10] australianaviation. com. au,"MQ-4C TRITON Enters US Navy Service," June 4,2018. https://australianaviation. com. au/2018/06/mq-4c-triton-enters-us-navy-service/. Accessed June 17,2019.

[11] Keller, J. , "Triton Maritime Surveillance UAV Technology Upgrades: Navy's Just Getting Started," July 24, 2018. https://www. militaryaerospace. com/articles/2018/07/triton – uavupgrades. html. Accessed June 17,2019.

[12] Pomerleau, M. , "Future Plans Emerge for Navy's Triton Surveillance Drones," April 9, 2018. https://www. defensenews. com/digital – show – dailies/navy – league/2018/04/09/future – plans – emerge – for – navys – triton – surveillance – drones/. Accessed June 17,2019.

[13] Thai Military, "Thai Military and Asian Region," https://thaimilitaryandasianregion. wordpress. com/2018/05/05/mq – 4c – triton – broad – area – maritime – surveillance – bams – uas/. Accessed May 14,2019.

[14] Naval Air Systems Command 5. 1. 1. 5, "Broad Area Maritime Surveillance Unmanned Aircraft System: Distributed Test," January 20, 2011. https://www. itea. org/images/ pdf/conferences/2011 – Live – Virtual – Constructive – presentations/Track% 20II% 20 – % 20 Broad% 20Area% 20Maritime% 20Surveillance% 20System% 20 – % 20Jeff% 20Sappington. pdf. Accessed June 17,2019.

[15] Raytheon, "Many Eyes, Half the Weight," June 16, 2017. https://www. raytheon. com/news/feature/compact_mts. Accessed June 17,2019.

[16] Northrop Grumman, "MQ – 4C Triton," July 29, 2013. http://www. northropgrumman. com/Capabilities/Triton/Documents/pageDocuments/Triton _ data _ sheet. pdf. Accessed June 17,2019.

[17] Naval Technology, "MQ – 4C Triton Broad Area Maritime Surveillance (BAMS) UAS," https://www. naval – technology. com/projects/mq – 4c – triton – bams – uas – us/. Accessed June 17,2019.

[18] Trimble, S. , "RQ – 4N Spreads Global Hawk Brand to Maritime Patrol," February 26, 2009. https://www. flightglobal. com/news/articles/rq – 4n – spreads – global – hawk – brand – tomaritime – patrol – 323093/. Accessed June 17,2019.

[19] Association of Old Crows, "unknown," Electronic Warfare, November 2011, p. 38.

[20] Keller, J. , "Triton Maritime Surveillance UAV Technology Upgrades: Navy's Just Getting Started," July 24, 2018. https://www. militaryaerospace. com/articles/2018/07/triton – uavupgrades. html. Accessed June 17,2019.

[21] Kauchak, M. , "P8 Programme Highlights," April 11,2018. https://www. monch. com/ mpg/news/air/3147 – p8 – sas. html. Accessed June 17,2019.

[22] Matthews, W. , "Navy's Minotaur System Is a Step Toward Automated Data Analysis," May 18,2016. http://seapowermagazine. org/stories/20160518 – data. html. Accessed May 15,2019.

[23] Burgess, R. R. , "P – 8A Poseidon Pushing Its Own Envelope of Operations," April 10, 2018. http://seapowermagazine. org/stories/20180410 – PSA. html. Accessed May 15,2019.

[24] flightglobal. com, "Newest P – 8A Poseidon Upgrade Includes 'Minotaur' Software," http://air-

soc. com/articles/view/id/57ac438931394438658b4567/newest – p – 8a – poseidonupgrade – includes – minotaur – software. Accessed June 17,2019.

[25] U. S. Coast Guard,"Minotaur Mission System," https://www. dcms. uscg. mil/Our – Organization/Assistant – Commandant – for – Acquisitions – CG – 9/Programs/Air – Programs/Minotaur – Mission – System/. Accessed May 1,2019.

[26] Naval Air Systems Command,"MQ – 4C Triton," http://www. navair. navy. mil/product/MQ – 4C. Accessed June 17,2019.

[27] Miller,T. ,"US Navy MQ – 4C Triton Makes Persistent Progress Towards Deployment," http://aviationphotodigest. com/navy – mq – 4c – triton/. Accessed June 17,2019.

[28] U. S. Office of Secretary of Defense,"MQ – 4C Triton Unmanned Aircraft System," https://www. dote. osd. mil/pub/reports/FY2018/pdf/navy/2018mq4c _ uas. pdf. Accessed June 17,2019.

[29] U. S. Secretary of the Navy,"Department of Defense Fiscal Year(FY)2018 Budget Estimates," May 2017. https://www. secnav. navy. mil/fmc/fmb/Documents/18pres/OPN_ BA_ 5 – 8_Book. pdf. Accessed June 17,2019.

[30] U. S. Department of Defense,"Selected Acquisition Report(SAR)," December 2017. https://www. esd. whs. mil/Portals/54/Documents/FOID/Reading% 20Room/Selected _ Acquisition _ Reports/18 – F – 1016_DOC_68_Navy_MQ – 4C_Triton_SAR_Dec_2017. pdf. Accessed June 17,2019.

[31] fi – aeroweb. com,"RQ – 4 Global Hawk & MQ – 4C Triton," http://www. fi – aeroweb. com/Defense/RQ – 4 – Global – Hawk. html. Accessed June 17,2019.

[32] LaGrone,S. ,"VIDEO:Iran Shoots Down Navy Surveillance Drone in 'Unprovoked Attack'," June 20,2019. https://news. usni. org/2019/06/20/iran – shoots – down – 120m – navy – surveillance – drone – in – unprovoked – attack – u – s – disputes – claims – it – was – over – iranianairspace. Accessed September 17,2019.

第 8 章 基于信息论的传感器管理方法

8.1 IBSM 概述

本章将讨论一种传感器管理的信息论方法,即基于信息的传感器管理(IBSM)。如图 8.1 所示,该方法由一个六单元模型组成,划分为可管理的、独立

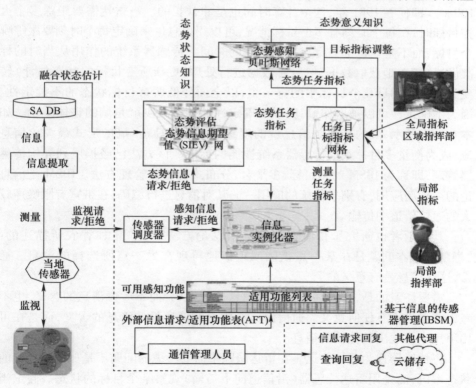

图 8.1 虚线框中为 IBSM 结构框图

优化的功能(即在这样划分的情况下各单元联合起来形成传感器管理空间,每个部分的交集为空,且每个部分是非空的)。

本章8.5节将描述模型的组成。由于IBSM是由6个组成部分及各部分之间传递的数据确定的,因此每个组成部分使用的技术都可以由提供相同输入、输出和功能行为的等效部分代替。如果习惯用贝叶斯网络来表示知识,可以保留它;反之,可以选择其他方法,如D-S证据理论,只要用D-S知识表示定义了一个态势信息(I_{sit})度量,就可以生成一个有序的态势信息请求列表。产生态势信息请求是对知识表示(态势信息期望值网络(SIEV-net))部分的要求,以便由其余部分执行。尽管贝叶斯网络已经被用于概念验证的实现,但如何产生这些请求的方式并不是唯一的。其他5个部分也是如此,因为重要的是它们实现的功能而不是实现这些功能的方式。

IBSM的基础是信息论,它最先用于控制原型机械扫描、双波段(X和Ka)火控雷达的运行[1-2]。在研发液压时间最优控制的过程中,人们意识到设备运动的物理性质将设备从一个极限位置到另一个极限位置的传输时间限制大约是100ms。即使在1981年,这个计算时间也是非常长的。当雷达需要跟踪多个火控目标时,在每个时刻有多个目标情况,可以用信息论来确定每个时刻要跟踪哪个目标,而不是在每个目标上花费相同的时间。传感器系统的作用从当时的标准做法(简单地获取数据,然后对数据进行处理,更新所有目标的状态估计)转变为决定要测量几个目标中的哪一个,以全面降低所有目标状态的不确定性。因为不确定性可以被看作熵,所以不确定性的整体减少就是熵的整体减少。如本章后面所示,熵的变化是信息量的度量。因此,以减少熵的形式最大化信息流,成为衡量多目标跟踪传感器系统性能的标准。该方法已经扩展到异构传感器管理,即称为IBSM的多目标、多平台、分布式传感器管理方法。IBSM是信息论的一种新应用,有别于传统的应用——其对消息进行编码、在带宽有限噪声较大的通信信道中传输。

其他学者也研究了传感器管理的信息论方法[3-5]。正如香农所描述的:"通信的基本问题是在某一点正确或近似地再现在另一点所选择的消息。通常,这些信息是有意义的"[6]。

需要注意的是,香农利用信息对消息进行编码,而不考虑消息的含义,也不考虑消息是否有任何意义。通信信道所传递的信息不是消息的含义,而是在可用消息中挑选出被传输的消息。

将传感器视为通信信道。在雷达跟踪中需要考虑的问题不是如何对目标的状态编码,而是用雷达传感器(沿信道向下传输)观察某个目标的状态。假定当前传感器(如雷达),通信信道,在存在噪声和其他环境因素的情况下能够表现出最佳性能。传感器将目标状态编码到传感器生成的测量结果中。传感器管理问题是决定下一个测量时机要测量哪个目标,以最大程度地提高性能。目前已经使用了各种性能度量方法,将在第9章中详细介绍该主题。

基于信息的传感器管理方法体现了传感器系统存在的基本理由,即减少世界数学模型表示的真实世界的不确定性。

图8.2展示了上述传感器系统的通信信道视图。决策者无法接触现实世界,只能接触现实世界的数学表示。传感器管理系统的目的是为决策者提供最小的不确定性、最高的任务价值表示。将世界模型呈现给决策者的方法是一个重大课题,其中为世界构建具有最小不确定性、最大任务价值的数学模型是一方面,而如何有效地减少决策者对现实世界的不确定性,将引出"人机交互"这一话题,这超出了本书的范畴。

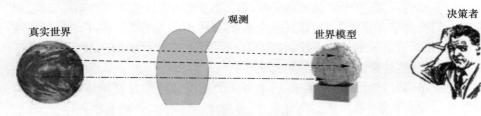

图8.2　传感器系统的通信信道视图

借助传感器的通信信道视图,可以对传感器本身进行等效观察,将其描述为"任何可观察过程并获取有关该过程的数据的功能"。因为对一个过程不确定性的减少量比减少这种不确定性的方法重要,这为控制物理、赛博和社交传感器提供了一个通用的框架。同样,所有的传感器都可以被看作熵减少的方法,从而减少了世界数学模型中的熵,并使信息从真实世界流向数学模型。

8.2　数据、信息和知识

本节首先明确区分数据、信息和知识,区分观察、测量和估计。这种区分首先由 Waltz 提出,并将知识的抽象分为以下3个等级[7]。

(1) 数据是"个体的观察、测量和原始消息,它们属于最低等级。人际交流、文本信息、电子查询或感知现象的科学仪器是主要的数据来源"。

(2) 信息是"组织起来的数据集。组织过程可能包括排序、分类、索引和数据连接,以便将数据元素放置在相关背景中进行后续搜索和分析"。

(3) 知识或预知(预报或预测)是"经分析、理解和解释的信息"。

针对本书的目的,采取一种略有不同的方法,即将信息视为对现实世界中某个过程的不确定性变化,该变化由对该过程的观察(如使用物理传感器)、相关数据的回忆(如从现有数据库获取的证据)或时间变化(如由于过程的动态性而导致的状态变化,而且它没有被观察到)而产生。在本书中,知识以贝叶斯网络的形式表示,因为贝叶斯网络既包含环境中的因果过程,也包含与过程相关的不确定性[8]。

(1) 数据示例:雷达对目标的距离及其速度的测量;单个短消息服务(SMS)文本信息;计算机日志文件。

(2) 信息示例:将雷达测量值与当前状态估计值融合,以产生更新的状态估计值,并随之减少状态不确定性;组合 SMS 文本消息以生成通信者之间的连接图;对计算机日志文件的分析,显示来自单个 Internet 协议(IP)地址的网际控制报文协议(ICMP)请求快速增加,表明可能发生拒绝服务(DoS)攻击。

(3) 知识示例:多个目标的运动状态以及与这些估计值相关的不确定性,表明了它们在观察者背景下的状态;一个人影响另一个人的条件概率的贝叶斯网络表示;关于数据采集与监视控制(SCADA)系统上赛博攻击的来源和类型的历史知识,以及这些来源的攻击的相关概率。

数据是通过对过程的观察、对网络空间的观察或搜索社交网络数据库获得的数据。没有背景(如传感器测量单元、分辨率、指向角、传感器物理性质、系统错误、消息地址(URL)、社交媒体账号标识、用户名),观测就没有意义。也就是说,获取信息的第一步是获取相关数据,并将获得的数据与背景知识融合来观察过程。由于测量结果包含噪声、偏差或参照系误差,因此不存在完美的测量方法,但是可以组合多个数据来形成测量结果。这一用法符合改进的数据融合模型[9],该模型指出:"数据融合是结合数据或信息来估计或预测实体状态的过程。"

还存在观测准确性等其他问题,但这是数据融合过程本身的问题。测量是通过结合人们知道的和观察的结果产生一个过程参数的估计,这样做可以减少对这个参数的不确定性(这个参数是对真实世界的数学表示的一部分,也至少是这个过程的一部分结果)。简而言之,数据和测量都不是信息。一般来说,信息可以被看作对一个过程的不确定性的降低。后续的 8.3 节将介绍信息的正式定义,信息的正式数学定义稍后在式(8.1)的费舍尔(Fisher)信息度量中给出。该公式表明,信息是随机变量相对于某一参数的变化率的期望。也就是说,信息是一种动态的、时间性的东西,可以用与随机变量相关的方差表示的不确定性变化来量化表示。8.3.8 节将区分与 IBSM 相关的态势信息(I_{sit})和传感器信息(I_{sen})两类信息。

从 DARPA 的动态战术目标(DTT)项目中可以意识到,需要将态势信息需求和获取信息的方式分离开来[10]：

融合产生了一个信息需求(IN)，向传感器管理器系统请求提供信息，这对保持对感兴趣目标的跟踪是至关重要的……这种总体策略是将感兴趣作战领域(本体)的高级描述与低等级数据传输(物理架构)分离。这种本体论方法可以让用户生成问题域中感兴趣实体的高级描述。实体一旦有了基于本体的定义，就可以将其转换为通用传输对象(GTO)，并且该实体的实例可以字节流的形式跨平台传输。

如图8.3所示，这种方法认识到许多观测源之间的互补性。从表8.1可以看出，虽然没有任何一个传感器可以提供完整的信息，但综合的观察结果改善了对战场空间的作用范围。

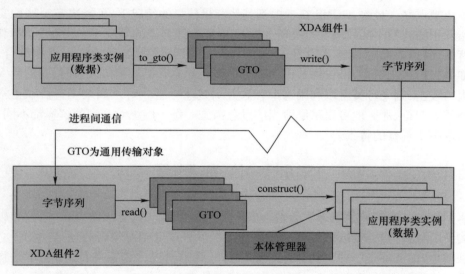

图8.3　可扩展的分布式体系结构(XDA)（允许分布式组件在目标级通信）

表8.1　按类型比较传感器能力[10]

传感器输入	定位质量	识别质量	观察范围	目标移动性
电子情报(ELINT)	低到中	好	宽	典型为静止
通信情报(COMINT)	低到中	中	宽	移动和静止
移动目标指示(MTI)	高	低	中	移动
合成孔径雷达(SAR)	高	中	中	静止
光电/红外(IR/EO)	高	高	窄	移动和静止
声学	中	中	窄	移动和静止

在讨论信息的各种定义之前，必须考虑知识的适用范围。需要注意的是，知

识是我们对环境的了解,包括不确定性,而知识存储库模型是贝叶斯网络,数据、观察和测量的背景对于提取有用信息是必需的[11-13]。这通常被称为观察的背景。这种背景(在早期的工作中被称为信息跨度[14])决定了观察的含义;否则就只是数据[15]。例如,对直升机旋翼变速箱的温度进行简单的物理观测。在温度传感器的范围内,能确定的就是变速箱的温度高于可接受的温度。在这样条件下,它将这个观察结果传递到传感器管理器中的下一个更高等级,该级别可能是运行状况和使用情况监视系统(HUMS)。HUMS 有额外的背景数据(如外部气温、机动次数、油位),它可以结合过热告警来确定它是否是真正的故障。如果是真正的故障,系统会点亮飞行员仪表板上的指示器。然而,如果高温告警是因环境温度高或剧烈机动所致,那就只是温度太高,但还没有危险,所以警告灯不应被点亮。最终,HUMS 在考虑到其他背景信息的情况下,可能决定温度确实指示了即将发生的故障并点亮警告灯。在警告灯点亮的情况下,飞行员会将其背景信息(对温度传感器本身或 HUMS 未知的信息)与点亮的警告灯相结合。如果飞行员知道直升机过载,比如载有很多人的直升机从稻田起飞时,受到敌人火力攻击,则飞行员可以利用这个背景并决定忽略警告灯。如果飞行员在正常条件下飞行,那么他可以采取适当的紧急措施。每一层级对观察的解释都不同,这取决于观察的背景。

8.3 信息测量

信息和熵的抽象概念渗透到了多个学科。文献[16]对统计力学、通信和生物学的各种信息解释进行了全面的讨论,本节只讨论相对较新的通信应用。必须指出,信息不是一种事物。正如诺伯特·维纳所说,"信息是信息,而不是物质或能量"[17]。如式(8.1)所示,将最基本的信息看作对一个随机变量不确定性的变化是容易接受的。信息论的起源是统计力学和通信理论之间的联系,其基础是描述系统中无序或不确定性大小的方法。更具体地说,信息是我们对系统知识状态的改变[18]。所有这一切的核心都是测量这种不确定性——熵。

下面简要介绍各种信息度量标准,其中一些度量适用于 IBSM 系统,但 IBSM 除了需要能够预测由于可能的感知行动而获得的信息量的能力之外,并不需要其他特别的信息度量方法。

8.3.1 费舍尔信息

费舍尔信息是一种度量具有未知参数 θ 的可观测的随机变量 x 的信息量的方法(x 的概率依赖于这个参数 θ)。费舍尔信息可以通过计算一个观测值的对

数似然的 2 阶偏导数的期望值得到,即

$$I(\theta) = \varepsilon_\theta \left[\left(-\frac{\partial}{\partial \theta} \log_b f(X|\theta) \right)^2 \right] \quad (8.1)$$

从 IBSM 的角度出发,需要根据每个传感器行动的预期结果来预测 $f(X|\theta)$,计算出预测的方差。这是对随机变量 $f(X|\theta)$ 中所包含的不确定性的测量,而不是对通过感知行动获得的信息量进行测量。费舍尔信息测量以基于费舍尔信息增益的有效性度量的形式在传感器管理中得到应用。通过计算每次扫描时每个传感器 – 目标配对的费舍尔信息增益,完成多传感器和多目标跟踪应用中的传感器分配任务[19]。

8.3.2 Kullback – Leibler 散度

尽管 Kullback – Leibler(K – L) 散度不满足度量的 3 个要求(不满足三角形不等式),但它是计算两个概率分布之间的期望对数差异的一种有效方法。在 IBSM 中,先验(P)和后验(Q)概率分布之间的差可以计算为

$$D_{K-L}(P\|Q) = -\sum_{x \in X} P(X) \log \left(\frac{Q(x)}{P(x)} \right) \quad (8.2)$$

基于 Kullback – Leibler 散度,每个可能的传感器动作的先验(P)(在知识表示模式中已知)和预测的后验(Q)(基于传感器和环境期望特性)概率分布都必须是可预测的。虽然 Kullback – Leibler 散度不是一个真正的度量标准,但它仍然具有单调性,与信息相关,而且是有用的。

8.3.3 互信息

互信息(又称信息增益)是衡量两个随机变量之间相互依赖性的指标。由于 IBSM 关注的是测量前后单个随机变量的不确定性变化,因此交互信息不是合适的测量手段。另外,文献[20]也表明,"这意味着对于传感器管理目的来说,最小化条件熵和最大化预期的 Kullback – Leibler 散度(或等效的交互信息)将导致完全相同的感知行动。"

8.3.4 Csiszar – Rényi 广义信息

阶数为 α(其中 $\alpha \geq 0, \alpha \neq 1$)的 Csiszar – Rényi 信息[21-22]表示为

$$I_\alpha(Q|P) = \frac{1}{\alpha - 1} \log_2 \left(\sum_{k=1}^n \frac{q_k^\alpha}{p_k^{\alpha-1}} \right) \quad (8.3)$$

由文献[23]可知,"如果将分布 P 替换为分布 Q,则获得阶数 α 的信息。"针

对 IBSM 的目的,P 是先验分布,Q 是特定传感行动的后验分布。剩下的问题是确定合适的 α。阶数为 1 的 Csiszar – Rényi 信息等于 Kullback – Leibler 散度,并且仅当 $\alpha = 1/2$ 时 Rényi 散度具有对称性[24]。也就是说,没有关于如何合适选择 α 值的一般指导方法。

8.3.5 熵

熵具有丰富的历史[16],并被应用于许多学科,如热力学、统计力学、通信、遗传多样性、神经活动、网络异常检测,及其他表征随机性和不确定性的学科[25]。大多数需要量化随机性的学科都依赖于熵,这一概念起源于 1865 年克劳修斯对热循环的研究。本节关注的熵是在传播理论中使用的公式(即香农熵)。离散随机变量 X(具有可能的值 $\{x_1, x_2, \cdots, x_n\}$ 和概率质量函数 $P(X)$)的香农熵[6] H 的常用计算方法为

$$H(X) = \varepsilon[I(X)] \qquad (8.4)$$

$$H(X) = \varepsilon[-\ln(P(X))] \qquad (8.5)$$

式中:ε 为期望算子;I 为随机变量的信息含量。对于离散情况,熵可以表示为

$$H(X) = \sum_{i=1}^{n} P(x_i) I(x_{i,b}) \qquad (8.6)$$

式中:n 为随机变量可能取值的个数;b 为所用对数的基数,利用基数 2 产生以 bit 为单位的熵。

在通信理论中,熵(即香农熵)被用来描述一组消息的编码效率,这些消息将被发送到一个有噪声、带宽有限的信道中。信道容量是可通过信道发送的信息量的上限。如本章前面所述,这种类型的信息只定义在可以发送到信道的消息的选择上,而与这些消息的含义无关。这些消息也可能是随机的 bit 模式,但是香农熵并不关心它们的内容、价值或重要性,而只关心哪些消息被发送,在通信信道的另一端以任意小的错误概率接收。也就是说,香农熵只关注信道编码,而不关注消息内容[6,26]。

如图 8.2 所示,如果将传感器看作将数据从真实世界传输到世界局部数学模型的通信信道,那么就可以对表示观察前后真实世界状态的随机变量(而不是所选择的消息)进行熵计算。在香农的通信信道视角中,存在一组与含义无关的消息。在本书的例子中,有无限数量的消息可以被发送到通信信道(传感器)。有些信息(传感器观测)可以减少现实世界中事物的不确定性。假设每个传感器将观测数据从环境传输到数据融合和状态估计单元时都处于最好的工作状态。也就是说,传感器以香农的方式对观察结果进行最佳编码。在第 10 章

中,将再次讨论态势期望值网络及其相关态势信息问题。

8.3.6 知识

贝叶斯网络(也称为置信网络或决策网络)是描述一组连通随机变量及其条件依赖关系的概率性有向无环图模型。贝叶斯网络可分为非因果贝叶斯网络和因果贝叶斯网络。非因果贝叶斯网络通常是对数据进行统计处理的结果,以条件依赖形式提取随机变量之间的概率关系,这些可能只是关联关系,没有因果关系。贝叶斯网络的另一类是因果贝叶斯网络,这是在第10章 IBSM 的态势期望值网络部分中使用的形式[27-28]。当观察到某些证据时,因果贝叶斯网络可以计算实际概率,而非因果贝叶斯网络只产生一个分布。

图8.4展示了一个因果贝叶斯网络的例子。术语"认知的"和"偶然的"是指使随机变量随机化的噪声起源。在 Abrahamson 有关地震危险性分析的论文中,可以得出:

"偶然"可变性是一个过程的自然随机性。对于离散变量,随机性基于每个可能值的概率进行参数化。对于连续变量,随机性基于概率密度函数进行参数化[13]。

"认知"不确定性是过程模型中的科学不确定性。这是由于数据和知识有限。认知不确定性的特征在于可替代模型。对于离散随机变量,通过可替代的概率分布对认知不确定性进行建模。对于连续随机变量,认知不确定性通过可替代的概率密度函数建模。此外,还有一些参数具有认知不确定性,这些参数不是随机的,它们只有一个正确(但未知的)值。

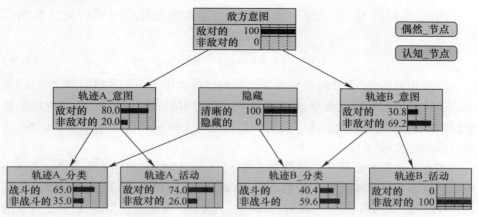

图8.4 贝叶斯网络示例(包含均匀概率、偶然(浅灰色)和认知(深灰色)节点)

贝叶斯网络是世界数学模型，即对现实世界的知识。有些节点是偶然性的，有些是认知性的。贝叶斯网络是一个知识库，在这个知识库中可以定义熵信息度量，这一认识直到最近才正式形成，本节对其进行总结[8]。对于一个贝叶斯网络，熵表示为

$$H(N_j) = -\sum_{i=1}^{n} P(x_i) \log_b P(x_i) \quad (8.7)$$

式中：N_j 为贝叶斯网络的一个单一节点。也就是说，对贝叶斯网络中的每一个节点，也就是描述现实世界的随机变量，都存在不确定性。感知行为的结果是改变贝叶斯网络中至少一个节点的概率。由于因果贝叶斯网络中节点的因果性和互联性，改变单个贝叶斯网络的不确定性通常会改变贝叶斯网络中其他节点相关的不确定性。也就是说，信息度量不能基于单个节点不确定性的变化，而应基于贝叶斯网络中所有节点获取或丢失的信息总和。即使没有执行感知活动，一些节点的不确定性也会增加，因为节点代表了现实世界中的动态过程。这导致信息的持续丢失，而且想要维持对真实世界一定水平的知识就需要持续或重复的观察，由此产生了时间贝叶斯网络(TBN)的概念。

这个概念可以进一步定义贝叶斯网络的知识熵 KEn。在任何时候，贝叶斯网络的 KEn 可以由现实世界知识的不确定性比特来度量。由于信息泄露或通过观察获得信息从而产生信息，KEn 会随着时间变化。同样地，KEn 可以通过贝叶斯网络中所有认知节点熵之和来计算。不需要包含偶然节点，因为它们不随测量节点的变化而变化。贝叶斯网络的知识熵 KEn 表示为

$$KEn(t) = \sum_{\text{所有认知节点}} H(t) \quad (8.8)$$

因此，从时间 t_0 到 t_1，节点概率或网络结构的变化形成的时间贝叶斯信息量为

$$TBI(t_1) = KEn(t_0) - KEn(t_1) \quad (8.9)$$

需要注意的是，重要的是与改变熵的传感器动作无关的节点的熵之和，因为无论变化的来源是物理观察、数据库访问、赛博网络分析还是其他人工生成的数据(软数据)都无关紧要。为了更详细地讨论这个时间贝叶斯网络和知识熵，读者可以参考文献[8]。

图 8.5 和图 8.6 显示了与节点轨迹 A_活动相关的信息丢失示例[8]。图 8.5 中的轨迹 A_活动节点由于对目标 A 的观测，在初始 KEn 为 5.58bit 时，具有 100%/0% 的非均匀敌对/非敌对不确定性。如果不继续测量目标 A，那么对其敌意的不确定性增加，以至于在之后的某个 t_{30} 时间点，不确定度增加到 80%/20%，

如图 8.6 所示，KEn 增加到 5.95bit，将造成 0.37bit 的信息暂时丢失。注意，由于贝叶斯网络中节点之间的条件关系，多个节点的不确定性发生了变化。

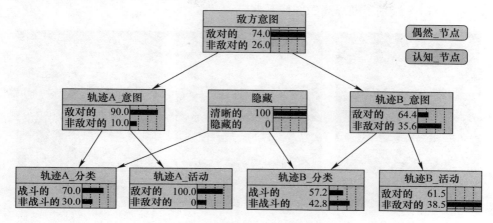

图 8.5　在时间 t_0 的活动迹象[8]

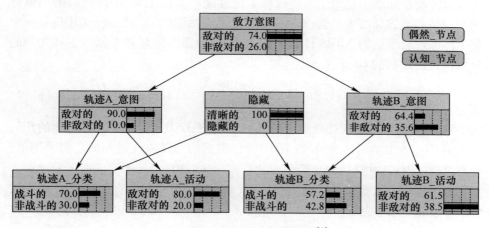

图 8.6　在时间 t_{30} 的活动迹象[8]

8.3.7　NIIRS 信息

图像分析人员通常利用美国国家图像解译度分级标准（National Image Interpretability Rating Scale，NIIRS）对光学图像和其他遥感现象学的信息内容进行定性和量化[29]。NIIRS 量表是对图像信息内容的主观衡量指标，提供了 10 种逐渐提高的等级，将图像质量从 0 到 9 进行分级。例如，在可见的 NIIRS 量表中，NIIRS-0 表示模糊且过于粗糙，无法满足用户的需求，NIIRS-4 表示按一般类型(如成群的履带式车辆、野战炮兵、大型过河设备或轮式车辆)进行识别的能力。在 NIIRS-9 级别上有一个对数级的改进,即可分辨车牌上的数字。图 8.7 显示了 NIIRS 级别不断提高的图像示例。

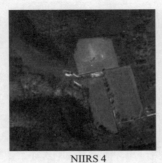
NIIRS 4

NIIRS 5

NIIRS 8

图 8.7 不同 NIIRS 分辨率的图像示例[30]

NIIRS 衡量标准已经被扩展到通用图像质量方程(GIQE)的计算模型。由于 NIIRS 衡量标准不是用于描述成像系统性能的实用工具,美国政府的图像分辨率评估和报告标准委员会(IRARS)发布了通用图像质量公式。GIQE 是一个基于图像性能参数的 NIIRS 计算模型,它基于一组图像解释专家对主观判断的分析评价。最初的 GIQE 表示为

$$\text{NIIRS}_{\text{GIQE}} = 11.81 + 3.32 \lg\left(\frac{\text{RER}_{\text{GM}}}{\text{GSD}_{\text{GM}}}\right) - 1.48 H_{\text{GM}} - \left(\frac{G}{\text{SNR}}\right) \quad (8.10)$$

式中:RER_{GM} 为系统相对边缘响应的几何平均值;GSD_{GM} 为地面采样距离的几何平均值;H_{GM} 为由调制传递函数(MTF)补偿引起的边缘响应过冲的几何平均值;G 为 MTFC 内核的增益;SNR 为信噪比[31]。式(8.10)表示图像清晰度和噪声放大之间的权衡。信息理论图像质量方程(ITIQUE)是一种基于香农信息论的图像质量度量方法,提供了 NIIRS 与互信息(mutual information)之间的等价性[30]。

8.3.8 IBSM 信息度量

在介绍了上述各种信息度量之后,本节关注与 IBSM 相关的基于熵的信息度量的两个应用,即传感器信息和态势信息。虽然这两个度量都是基于熵的变化(式(8.6)),但它们在 IBSM 中有两个截然不同的目的。传感器信息用于选择使用几种可用的传感功能中的某一种来满足态势信息请求。态势信息用于确定哪些信息(与被哪个传感器获取无关)能够在现实世界的贝叶斯网络模型中最大程度地减少不确定性。价值的不确定性是指熵的变化是由目标格中表示的信息的任务值加权得到,这将在第 9 章中讨论。

8.3.9 传感器信息

传感器信息是目标参数不确定性的变化,通过测量可观测目标得到[32]。目标测量可以是物理、赛博或社交参数多次观测的结果。基于物理的数据可以从雷达或激光雷达等有源传感器获得。红外(IR)或电子支援设备(ESM)等无源传感器也可以提供基于物理现象的数据。以具有系统模型的卡尔曼滤波状态估计器为例[33-34],有

$$x_k = \boldsymbol{\Phi}_{k-1} x_{k-1} + w_{k-1}, \qquad w_k \sim N(0, \boldsymbol{Q}_k) \tag{8.11}$$

式中:$\boldsymbol{\Phi}_{k-1}$ 为状态转移矩阵;w_{k-1} 为过程噪声。两者都具有下标,表明它们是非平稳的并且可能随时间变化,其测量模型为

$$z_k = \boldsymbol{H}_k x_k + v_k, \qquad v_k \sim N(0, \boldsymbol{R}_k) \tag{8.12}$$

式中:z_k 为观测向量;$\boldsymbol{H}_k$ 为观测矩阵;v_k 为加性高斯白噪声。所有下标都表明它们是非平稳的,并可能随时间变化,状态估计外推法为

$$\hat{x}_k^- = \boldsymbol{\Phi}_{k-1} \hat{x}_{k-1}^+ \tag{8.13}$$

误差协方差矩阵外推法为

$$\boldsymbol{P}_k^- = \boldsymbol{\Phi}_{k-1} \boldsymbol{P}_{k-1}^+ \boldsymbol{\Phi}_{k-1}^T \boldsymbol{Q}_{k-1} \tag{8.14}$$

卡尔曼增益矩阵为

$$\boldsymbol{K}_k = \boldsymbol{P}_k^- \boldsymbol{H}_k^T [\boldsymbol{H}_k \boldsymbol{P}_k^- \boldsymbol{H}_k^T + \boldsymbol{R}_k]^{-1} \tag{8.15}$$

状态估计更新为

$$\hat{x}_k^+ = \hat{x}_k^- + \boldsymbol{K}_k [z_k - \boldsymbol{H}_k \hat{x}_k^-] \tag{8.16}$$

以及误差协方差矩阵更新为

$$\boldsymbol{P}_k^+ = [\boldsymbol{I} - \boldsymbol{K}_k \boldsymbol{H}_k] \boldsymbol{P}_k^- \tag{8.17}$$

跟踪目标运动状态的不确定性由外推误差协方差矩阵 $\boldsymbol{P}^-$ 表示,即观测前的误差协方差。传感器观测后,后验误差协方差矩阵 $\boldsymbol{P}^+$ 表示测量后的不确定度。第一个观察结果是,$\boldsymbol{P}^-$ 根据目标的动态变化和加性过程噪声随时间增加。第二个观察结果是,$\boldsymbol{P}^+$ 将状态不确定性降低到系统的测量噪声水平,它本身可能不是固定的,而是随环境和传感器参数变化。

由于熵本身只需要随着不确定性的增加而单调增加,因此在卡尔曼滤波的情况下,可以将传感器信息熵定义为误差协方差矩阵的范数,将基于卡尔曼滤波的状态估计器的传感器信息定义为

$$I_k = \|\boldsymbol{P}_k^-\| - \|\boldsymbol{P}_k^+\| \tag{8.18}$$

对于包含以 m 为单位的位置和以 m/s 为单位的速度的二维状态向量,可以将该范数与式(8.19)中同样维数的矩阵进行 P 本身的前乘和后乘,即

$$^c P = \begin{bmatrix} 1 & 0 \\ 0 & s \end{bmatrix} \begin{bmatrix} m^2 & \dfrac{m^2}{s} \\ \dfrac{m^2}{s} & \dfrac{m^2}{s^2} \end{bmatrix} \begin{bmatrix} 1 & 0 \\ 0 & s \end{bmatrix} \qquad (8.19)$$

P 的行列式具有维共形性,同样可以使用。在归一化情况下,得到的单位是距离。在行列式情况下,单位是共形、单调的。由于易于计算且结果的单位为距离,我们选择使用前乘和后乘的误差协方差矩阵作为状态不确定性的度量。因此,可以将前熵和后熵定义为

$$\begin{aligned} ^e_i H^-_k &= \|P^-_k\| \quad \text{前熵} \\ ^e_i H^+_k &= \|P^+_k\| \quad \text{后熵} \end{aligned} \qquad (8.20)$$

式中:上标 e 用于区分卡尔曼滤波中的熵和观测矩阵(也称为 H)。在 m 个独立目标上的总的前熵表示为

$$^e_g H^-_k = \sum_{i=1}^{m} {^e_i H^-_k} \qquad (8.21)$$

如果选择测量单个过程 j,总的后熵为

$$^e_g H^+_k = {^e_j H^+_k} + \sum_{\substack{i=1 \\ i \neq j}}^{m} {^e_i H^-_k} \qquad (8.22)$$

必须指出,未测量过程的熵随时间增加,如果没有观察到,则继续增加。只有被测量过程的熵变小,并且减少的量受限于观察相关的测量噪声。关于这一点,还没有做过实际测量,但是已经预知如果做这个测量熵会如何变化。

因为不被测量的过程的熵会增加,所以我们选择只做一次测量;选择对哪个过程测量,仅需要看每个过程经过测量后熵的下降量,即选择对产生最大信息量的过程进行测量。如果对过程 j 在时刻 k 进行测量,得到的传感器信息为

$$_j I_k = -\log\{\|_j P^-_k\| - \|_j P^+_k\|\} \qquad (8.23)$$

下面给出一个简单的一维示例,对于具有不同动态的两个过程和一个传感器管理系统,选择更新哪个过程能最大程度地减少每次迭代时总的状态估计误差(最大化信息),两个过程误差协方差矩阵范数的下降如图 8.8 所示[32]。

还有其他类型的物理信息也可以用熵的变化计算[35],如搜索[36]、提示[37]和识别信息。例如,检测概率(可能是距离和信噪比的函数)随波束宽度的变化会促使搜索模式发生变化,从而最大化搜索信息。使用其他搜索模式,比简单的

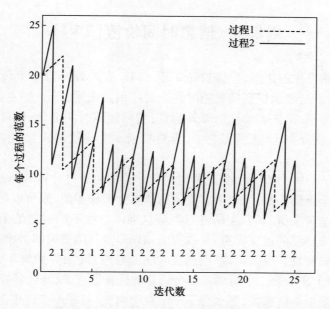

图 8.8 一个传感器管理器系统选择测量哪一过程获取最多信息的示例[32]

扫描模式产生更好的结果[38-40]。

第 10 章将展示如何在信息实例化器中使用传感器信息来选择最适合实现态势信息需求的传感功能。

8.3.10 态势信息

态势信息是态势随机变量的不确定性变化,代表着对现实世界事物的认识。传感器信息与对目标的观测有关,由采集的传感器数据和上下文背景融合而得。这些传感器数据可以来自贝叶斯网络中其他条件相关的随机变量,也可以是独立的赛博信息或社交信息。

在态势信息期望值网络中使用态势信息,来确定不依赖于将要获取数据的实际传感器的下一个最佳采集时机[41-42]。态势信息能够选择最佳的下一个信息请求,最大限度地减少对态势的不确定性,而不考虑如何获得该信息。传感器信息使最佳传感器功能的选择成为可能,以满足态势信息需求。传感器信息对于为什么需要它是不可知的,它度量的是内容,而不是原因。态势信息表示为

$$I_k^{\text{sit}} = \sum_{\text{所有态势节点}} [H_k - H_{k-1}] \tag{8.24}$$

第 10 章将说明如何在态势信息期望值网络中,使用态势信息来选择具有最大期望态势信息价值率(EIVR_{sit})的信息需求。

8.4 信息时间价值(TVI)

在结束信息主题之前,应该讨论一下 TVI。在处理来自多个传感器的最大化信息时,人们已经认识到信息随时间流失:"信息质量(QoI)的主要特性是,它是一个复合度量,由于收集到的额外信息,它可能随时间退化,也可能随时间增加。传感器收集的信息量随时间随机变化,这导致 QoI 效用演变的不确定性[43]。"

在式(8.9)中可以看到,信息的时间变化是如何通过计算 KEn 变化来得到。如果存在一个价值函数,为每个态势信息请求分配任务值,则可以用这个函数计算态势信息的未来值,其方法是将态势信息乘以它在不同时刻的值。由于已知的动态性和未建模的过程噪声,对过程的知识是如何随着时间的推移而减少的,这增加了不确定性。也就是说,信息在时间上有泄露(因为如果不做观察,知识就会减少)。TVI 的第二个组成部分与信息的任务值有关,与已经在跟踪的目标有关。如果更新不够频繁,那么在下一个观测时机,目标不在波束内的可能性就会越来越大(详见 4.3 节)。如果目标不在波束内,则需要返回搜索模式重新获得跟踪的目标。这种重新获取是以等待处理其他态势信息请求为代价的,从而导致对现实世界的认识全面减少。

8.5 IBSM 模型

与传感器观测一样,背景是理解新概念的关键,在详细描述 IBSM 的 6 个部分的功能之前,首先简要描述 IBSM 组件及其相互作用。本节还将展示 IBSM 如何自然地形成协作式传感器管理器的层次结构,用于传感器和传感器系统的分布式控制,同时通过在共同目标上的协作,尽最大努力完成上级向它们提出的任务目标。IBSM 的完整框图如图 8.1 的虚线框所示。注意图 8.1 框图右上角所示,IBSM 的目的在于态势评估,它确定环境"是什么",而态势感知问题是环境"为什么"。从这个角度看,IBSM 是一个闭环系统,其行为间接地受任务目标及其相对值(由 HOL 决定)控制。外部态势感知贝叶斯网络可以评估 IBSM 的行为,并通过强化学习自动改变目标格中组成部分的相对权重,在不增加人工交互的情况下提高总体任务性能。任务目标及其相对值由现场确定,包括上级赋予他们的任务目标。目标格将在第 9 章中详细阐述。

如图 8.1 所示,IBSM 的 6 个部分如下。

(1) 目标格(GL)为态势信息需求以及可替代感知功能分配任务值以满足

这些需求。

目标格是一个半序集(POSET),其中任意两个元素 x 和 y 都有一个交集(最大下界,glb)和一个并集(最小上界,lub)。POSET 由一个集合(在本例中是任务目标)和一个次序关系组成。根据任务目的,排序关系是:这个目标是实现另一个目标所必需的。也就是说,每对任务目标都有一个包含目标,即其最小上界。任务目标可能有被包括目标。对于目标格的数学概念,目标格与任务值相近。最顶端的目标是软性的,难以衡量。最底层的目标就是真实、可测量的感知行动。这个概念和示例在第 9 章将会提到。需要注意的是,目标格不是一个可信度图表,因为没有与节点关联的概率。

每个级别的目标格是一个零和博弈,因为它将每个行动的任务值划分为同一级别的目标。高级目标将价值分配到支持它们的低级目标中。较低级别的目标根据它们所支持的较高级别的目标所分配的权重来产生价值。目标格包含本地目标和由外部更高权限分配给传感器平台的共同目标。

(2) 态势信息期望值网络通过条件概率将背景信息整合到态势信息需求评估中。

态势信息期望值网络由因果贝叶斯网络组成,它把真实世界的各个方面表示为连通的随机变量。贝叶斯网络被细分为 3 类节点:①非受管节点,即我们拥有知识,但无法控制改进;②态势假设节点,即感兴趣的与态势直接相关的随机变量;③受管节点,即代表可以控制的实际传感器行为的随机变量。这些受管节点表示传感器系统可以执行的实际传感器功能,而不知道哪个传感器或传感器类型将执行此功能。

在态势信息期望值网络中,在贝叶斯网络上增加了额外的计算,包括根据与每个节点相关的最高任务目标进行加权,成功实现每个受管节点的学习概率或估计概率,以及正常进行测量所需的时间。这些估计值和学习值用于计算期望态势信息值率 EIVR_{sit},它用来生成一个有序的下一个最佳采集时机列表。态势信息期望值网络向信息实例化器发出态势信息请求,并假定请求将在需要的时间内得到满足。然后,它就像已经收到了所请求的信息一样,改变贝叶斯网络中的随机变量概率,计算一个新的 EIVR_{sit} 并启动下一个态势信息请求等。态势信息期望值网络实现了 EIVR_{sit},即

$$\text{EIVR}_{\text{sit}} = \varepsilon \{ I_k^{\text{sit}} \} V(I_k^{\text{sit}}) R(I_k^{\text{sit}}) \tag{8.25}$$

其中式(8.9)的时间贝叶斯信息用于计算信息量。该值来自目标格顶部,速率是基于历史数据或机器学习结果的经验近似。

(3) 当这些传感器功能在线时,信息实例化器会收到每个传感器的通知,告

知其传感器可以执行的功能以及与设定传感器功能相关的参数,包括探测概率 P_d、进行观测的时间和预期精度。信息实例化器使用这些传感器数据,从所有传感器功能中向下选择一组可接受的(能够进行观测以提供请求的态势信息)功能。然后通过计算期望的传感器信息值率 $EIVR_{sen}$ 对这些可接受功能进行排序。具有最高 $EIVR_{sen}$ 的传感器功能随后被发送到传感器调度器。以利用物理状态估计器为例,$EIVR_{sen}$ 可以利用根据式(8.18)计算的信息。完整的 $EIVR_{sen}$ 计算式为

$$EIVR_{sen} = \varepsilon\{I_k^{sen}\} V(I_k^{sen}) R(I_k^{sen}) \tag{8.26}$$

式中:V 为目标格底部值;比率 R 在适用函数表中。

(4) 适用功能表维护可用传感器功能的动态列表,供信息实例化器使用。

当传感器在线时,它与信息实例化器通信,并用传感器可以完成的感知功能填充适用功能表。这是一个动态表,在飞行前初始化,并在任务期间更新,以添加传感器功能,这些功能可以通过协作的传感器平台执行,或者在传感器管理器的功能失效或不再可用时删除传感器功能。这允许传感器系统的平稳退化。需要注意的是,将新传感器添加到平台上只需要在设计时能够向信息实例化器通报其功能,并使用可扩展标记语言(XML)格式描述其功能即可。

(5) 传感器调度器(OGUPSA)利用在线贪婪紧急驱动的抢先式调度算法将传感器功能映射到传感器观测。

OGUPSA 传感器调度器是一种排队式传感器调度器,它接收观察请求,并将其分配到可用的传感器中。该调度器为 IBSM 而开发,但它没有独到之处,可以被更适合特定传感器场景的调度器所取代。

(6) 通信管理器(CM)发送和接收非本地信息请求。

除了向协作者传递和接收态势信息请求外,通信管理器还可以接收其目标格的共同任务目标,并将分配给该目标的实际值返回给上级。通过将本地目标格所分配的实际值返回给上级,上级可以确定应用于其请求的实际工作量,以及是否应该在更多或不同的协作者之间传递共同目标。

仔细观察图 8.1 可以发现一些双向箭头,比如信息实例化器和传感器调度器之间的箭头。这些连接是双向的,例如,信息实例化器可以将一个观察请求传输给传感器调度器,而传感器调度器由于已经有其他具有更高的 $EIVR_{sen}$ 的等待请求或有更早的截止时间的等待请求,或者由于之前发送的传感器请求导致传感器不可用,而无法执行该请求。高优先级的观察请求可能抢占以前的请求,这些请求将被发送到信息实例化器(instantiator)。然后,信息实例化器可以检查满足信息请求的观察请求先前顺序,并在其列表中发送次佳的下一个观察请求。其他接口以类似的方式工作。

8.6 IBSM 管理的传感器平台协同

IBSM 的固有设计适用于所有类型的传感器平台,包括物理平台、赛博平台和社交平台。异构传感器和异构传感器平台的分布式传感器管理中,通过共享的任务目标实现了隐式协作。如图 8.9 所示,物理传感器观测可由协作的系统控制,非物理传感器(如对赛博平台和社交平台信息的观察——译者注)可以在不同的领域工作。

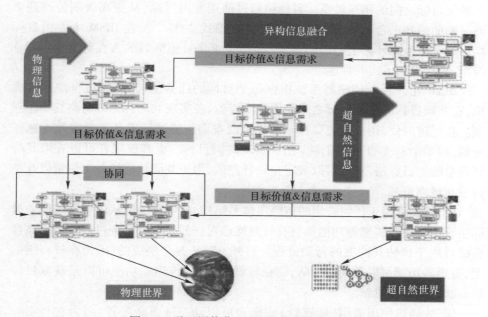

图 8.9 基于网络化 IBSM 的分层传感器管理

观测数据可能有不同的来源,通过目标匹配度和非传感器的特定态势信息请求,可以很容易地将这些观测结果进行结合。也就是说,单传感器管理模型可用于管理最小级别的传感器平台的单个传感器,也可用于管理整个工作区域控制下的传感器群。通过这种方法,从业人员升职后也不需要再接受培训,他们对系统如何运行的知识可以认为是理所当然的,唯一的区别是态势信息请求的范围以及传感器在进入更高的抽象、职责和控制等级时具有不同的含义。最低等级的传感器可能是 ESM 拦截无线电或电子邮件扫描程序,而较高等级的信息请求或共同目标可能被发送到一个无人驾驶飞行器中队,其模型是一样的,只有目标格中的任务目标和感知函数的定义不同。

8.7　IBSM 的优点

　　IBSM 旨在为异构传感器系统或相关系统的实时、可扩展、协同管理提供一种通用的方法，以获得有价值、及时和可操作的情报。IBSM 还把模式从广播所有它知道的信息转变为请求信息和响应信息请求。这是一种信息获取而不是信息推送方法，可以更有效地利用通信信道带宽。为此，IBSM 的目标格量化并制定了可测量的无定形目标、不可测量的目标以及软目标，迫使系统设计人员量化各系统目标之间的相互关系。目标格通过使用共同目标（从更高级别传递到更低级别的感知平台），在感知平台之间实现隐式协作[44]。在 IBSM 中使用目标格可以实现人在环路上（HOL）控制，而不是更慢且更低效的人在环路中（HIL）控制，再次提高了实时性能。

　　IBSM 允许各个传感器系统根据每个目标的任务值、态势和自身协作目标值，在共同目标和本地目标之间动态分配资源，在实现共同目标时调整其协作程度。在任何时候，用户或更高权限者都可以查询传感器管理器来确定其本地任务值，即单个系统的资源有多少用于实现共同目标。更高权限者可以查询其所管理系统的目标格，从而可以确定全局任务值、用于共同目标的总工作量以及是否重新规划资源。

　　IBSM 不依赖于任何特定的传感器体系结构，且可以通过从传感器和任务目标格获得的适当传感器功能条目有针对性地对任何平台或任务进行定制。该目标格可用于评估其冲突的行动过程。另外，IBSM 是分层级的，因为在较高级别上，传感器功能可以是侦察中队，而在较低级别上，传感器功能可以是获取目标运动状态向量的更新。

　　IBSM 通过使用适用（传感器）功能表可以动态地重新配置，因为它与实际使用的传感器无关。传感器可以实时添加或删除，无需重新设计系统。这导致动态、压力环境中的功能退化和鲁棒行为。它可以同样方便地管理硬传感器（如测量环境物理属性（如地面振动或热辐射）的传感器）或软传感器（如人为产生的）或赛博传感器（如检测 DOS 攻击或扫描钓鱼邮件），前提是可以描述传感器功能以供 IBSM 使用。例如，软传感器可以使用语音识别、自然语言处理或书面监视报告将消息数据与历史数据库的内容相关联，从而找到一个人的当前位置。

　　虽然 IBSM 具有最高的任务价值、最低的不确定性、环境敏感以及根据态势评估做出命令决策，但它是闭环和间接的，并通过使用交互的、面向任务的目标格提供环境敏感的控制。

总之，IBSM 以从属自治模式工作，即每个传感器管理器关注其本身，并将其部分资源分配给共同目标中的更高目标，同时最大程度地将有价值的信息从现实世界流向世界的数学模型中，将任务价值最高、不确定性最低的知识告知决策制定者。

8.8 总　　结

本章是本书的理论基础，详细描述了 IBSM 方法用于异构、单平台或多平台实时传感器管理的 6 个部分。IBSM 认识到，尽管信息是必需的，但它不是单独或与其他传感器平台和情报资源协同使用管理传感器平台的充分标准。另外 3 个组成部分必须集成到优化准则中，即：①该信息的任务值；②获得该信息的概率；③获得该预测信息所需的时间。这些考虑的结果是用两种形式表示的单一标准：期望态势信息价值（EVI_{sit}）和期望传感器信息价值（EIV_{sen}）。第 9 章将更详细地描述 IBSM 分区以及两个相似但截然不同的目标函数的使用。

参考文献

[1] Hintz, K. J., E. S. McVey, and G. C. Cook, "Time Optimal Control of the Mirror Track Radar Antenna," Joint Automatic Control Conference, Charlottesville, VA, 1981.

[2] Hintz, K. J., Information Directed Data Acquisition, Charlottesville, VA: University of Virginia, 1981.

[3] McIntyre, G. A., "A Comprehensive Approach to Sensor Management and Scheduling," Dissertation, Fairfax, VA: George Mason University, 1998.

[4] Williams, J. L., "Information Theoretic Sensor Management," Dissertation, Cambridge, MA: Massachusetts Institute of Technology, 2007.

[5] Kreucher, C. M., et al., "An Information Based Approach to Sensor Management in Large Dynamic Networks," Proc. of IEEE, Special Issue on Modeling, Identification, & Control of Large-Scale Dynamical Systems, Vol. 95, No. 5, 2007, pp. 978–999.

[6] Shannon, C. E., "A Mathematical Theory of Communication," Bell System Technical Journal, Vol. 27, 1948, pp. 623–657.

[7] Waltz, E., Knowledge Management in the Intelligence Enterprise, Norwood, MA: Artech House, 2003.

[8] Hintz, K. J., and S. Darcy, "Temporal Bayes Net Information & Knowledge Entropy," Journal of Advances in Information Fusion, Vol. 13, No. 2, February 2018.

[9] Steinberg, A. N., and C. L. Bowman, "Revisions to the JDL Data Fusion Model," Chapter 2 in Handbook of Multisensor Data Fusion, Boca Raton, FL: CRC Press, 2001.

[10] Hanselman, P., et al., "Dynamic Tactical Targeting," Proc. SPIE, Vol. 5441, Orlando, FL, 2004.

[11] Fernández – de – Alba, J. M., R. Fuentes – Fernández, and J. Pavón, "Architecture for Management and Fusion of Context Information," Information Fusion, Vol. 21, 2015, pp. 100 – 113.

[12] Mostefaoui, G. K., J. Pasquier – Rocha, and P. Brezillon, "Context – Aware Computing: A Guide for the Pervasive Computing Community," IEEE/ACS International Conference on Pervasive Services, Beirut, Lebanon, 2004.

[13] Zainol, Z., and K. Nakata, "Generic Context Ontology Modelling A Review and Framework," 2010 2nd International Conference on Computer Technology and Development, Cairo, Egypt, 2010.

[14] Schaefer, C. G., and K. J. Hintz, "Sensor Management in a Sensor – Rich Environment," Proceedings of SPIE, Vol. 4052, Orlando, FL, 2000.

[15] Ko, K. – E., and K. – B. Sim, "Development of Context Aware System Based on Bayesian Network Driven Context Reasoning Method and Ontology Context Modeling," International Conference on Control, Automation and Systems, Seoul, Korea, 2008.

[16] Gleick, J., The Information: A History, A Theory, A Flood, New York: Pantheon Books, 2011.

[17] Weiner, N., Cybernetics: or the Control and Communication in the Animal and the Machine, Cambridge, MA: MIT Press, 1948, 1961.

[18] Jaynes, E. T., "Information Theory and Statistical Mechanics. II," Physical Review, Vol. 108, No. 2, 1957, pp. 171 – 190.

[19] Kangsheng, T., and Z. Guangxi, "Sensor Management Based on Fisher Information Gain," Journal of Systems Engineering and Electronics, Vol. 17, No. 3, 2006, pp. 531 – 534.

[20] Aoki, E. H., et al., "A Theoretical Look at Information – Driven Sensor Management Criteria," 14th International Conference on Information Fusion, Chicago, IL, 2011.

[21] Ristic, B., and B. – N. Vo, "Sensor Control for Multi – Object State – Space Estimation Using Random Finite Sets," Automatica, Vol. 46, No. 11, 2010, pp. 1812 – 1818.

[22] Ristic, B., B. – N. Vo, and D. Clark, "A Note on the Reward Function for PHD Filters with Sensor Control," IEEE Transaction on Aerospace and Electronic Systems, Vol. 47, No. 2, 2011, pp. 1521 – 1529.

[23] Renyi, A., "On Measures of Entropy and Information," Berkeley Symposium on Mathematical Statistics and Probability, Berkeley, CA, 1961.

[24] van Erven, T., and P. Harremoes, "Renyi Divergence and Kullback – Leibler Divergence," IEEE Transactions on Information Theory, Vol. 60, No. 7, 2014, pp. 3797 – 3820.

[25] Acharya, J., et al., "Estimating Renyi Entropy of Discrete Distributions," IEEE Transactions on Information Theory, Vol. 63, No. 1, 2017, pp. 38 – 56.

[26] Shannon, C. E., "Communication in the Presence of Noise," Proceedings of the IRE, Vol. 37, No. 1, 1949, pp. 10 – 21.

[27] Pearl, J., and S. Russell, "Bayesian Networks," in Handbook of Brain Theory and Neural Net

works, Cambridge, MA: MIT Press, 2001.

[28] Pearl, J. , "Graphical Models for Probabilistic and Causal Reasoning," in Computing Handbook, Third Edition: Computer Science and Software Engineering, Volume I, New York: Chapman and Hall/CRC, 2014.

[29] Sourwine, M. J. , and K. J. Hintz, "An Information Based Approach to Improving Overhead Imagery Collection," Proc. SPIE 8050, Signal Processing, Sensor Fusion, and Target Recognition XX, Orlando, FL, 2011.

[30] Luna, C. E. , D. R. Gerwe, and B. Calef, "SSA Image Quality Modeling," Proceedings of the Advanced Maui Optical and Space Surveillance Technologies Conference, 2010.

[31] Leachtenauer, J. C. , et al. , "General Image – Quality Equation: GIQE," Applied Optics, Vol. 10, No. 36, 1997, pp. 8322 – 8328.

[32] Hintz, K. J. , and E. S. McVey, "Multi – Process Constrained Estimation," IEEE Transactions on Systems, Man, and Cybernetics, Vol. 21, No. 1, 1991, pp. 237 – 244.

[33] Kalman, R. E. , "A New Approach to Linear Filtering and Prediction Problems," Transactions of the ASME, Vol. 82, 1960, pp. 35 – 45.

[34] Gelb, A. , Applied Optimal Estimation, Cambridge, MA: MIT Press, 1974.

[35] Hintz, K. J. , "Fusion & Information Acquisition," 9th International Conference on Information Fusion, Florence, Italy, 2006.

[36] Stone, L. D. , et al. , "Search Analysis for the Underwater Wreckage of Air France Flight 447," 14th International Conference on Information Fusion, Chicago, IL, 2011.

[37] Hintz, K. J. , "A Measure of the Information Gain Attributable to Cueing," IEEE Transactions on Systems, Man, and Cybernetics, Vol. 21, No. 2, 1991, pp. 434 – 442.

[38] Hintz, K. J. , "Multidimensional Sensor Data Analyzer," U. S. Patent 7,848,904, December 7, 2010.

[39] Hintz, K. J. , "Multidimensional Sensor Data Analyzer," U. S. Patent 7,698,100, April 13, 2010.

[40] BarkerII, W. H. , "Information Theory and the Optimal Detection Search," Operations Research, Vol. 25, No. 2, 1977, pp. 304 – 314.

[41] Darcy, S. , and K. J. Hintz, "Effective Use of Channel Capacity in a Sensor Network," 15th IEEE International Conference on Control & Automation (IICCA 2019), Edinburgh, U. K. , 2019.

[42] Nixon, M. R. , "Inference to the Best Next Observation in Probabilistic Expert Systems," Technology Review Journal, Vol. Log Number 4342, No. Spring/Summer, 2005, pp. 81 – 101.

[43] Ciftcioglu, E. N. , A. Yener, and M. J. Neely, "Maximizing Quality of Information from Multiple Sensor Devices: The Exploration vs Exploitation Tradeoff," IEEE Journal of Selected Topics in Signal Processing, Vol. 7, No. 5, 2013, pp. 883 – 894.

[44] Hintz, K. J. , "Implicit Collaboration of Sensor Systems," Proceedings of the SPIE, Vol. 5429, Orlando, FL, 2004.

第 9 章
IBSM 优化准则：期望信息价值率

9.1 全局、等值、目标函数

"收集计划"需要根据任务值、信息量、信息获取概率和时效性对传感行为进行排序，将信息传递给模型。许多传感器管理目标函数是不充分的，因为它们只基于一两个要素，如运动精度、时效性、航迹保持或其他简单标准。还有一些目标函数在维数上是不正确的，如使用误差协方差矩阵的迹但没有对应维数的矩阵。此外，Ad Hoc 加权方法需要归一化并再加权求和；否则就没有任何意义。

除了 α 因子降低了所有传感行为的时效性外，以下内容也很好地说明了传感器管理的目标函数[1]：

我们解决"融合信息需求确定"(FIND)问题的方法是利用随机动态规划(SDP)框架使时间损失的回报 J 最大化，具体如下：

$$J = \sum_{t=0}^{\infty} \alpha^t \sum_i R(H_i(t))$$

回报函数(R)代表每个航迹假设($H_i(t)$)对指挥官的跟踪精度和分类置信度目标的满足程度。在这一表达式中，满足指挥官目标的值将通过折扣因子来降低，以尽快实现优先目标。通常，如果目标是时间相关的，则不必要求尽快实现目标。尽管 FIND 算法的目的是提高运动和分类准确性，但是最终的策略却产生了 3 类任务。

（1）航迹维持。传感器负责定期重新访问高优先级目标航迹，为目标的高质量估计提供运动信息。

（2）解模糊。传感器的任务是在与混淆者通信进行模糊交互后，提供有关高价值目标的分类信息。

（3）发现感兴趣的新目标。低等级后台任务将提供关于未知分类航迹的分类信息，以便搜索新的高价值目标。

与传感器管理目标函数相关的第二个主要问题是:在不包含任何长期估值的情况下,利用实时可计算目标函数选择下一个最佳采集时机的代价是什么?如第3章和3.7.1节所述,如果不需要绝对的最佳性能,则为短视调度程序的行为设置了下限。

期望信息价值率(EIVR)在维度上与"比特/秒"保持一致,同时考虑了信息的任务值和获取有价值信息的概率,因此IBSM将其作为目标函数[2-3]。而且,EIVR能以"发射后遗忘"型信息请求,实现下一个最佳采集时机的实时短视计算。即IBSM(借态势信息期望值网(SIEV-net)信息请求的名义)假设传感器系统能获取数据,相应地调整贝叶斯网络知识并计算下一个最佳采集时机,依此类推。就是说,IBSM在信息实例化器和传感器调度程序中建立抢占式队列。EIVR的一般概念产生态势信息请求或传感器观察请求,使传感器最大限度地利用信道容量并为决策者提供不确定性最小、任务值最大的环境模型,逐次进行短视计算。EIVR的计算非常简单,主要基于以下各量。

(1)期望(概率):获取信息的概率,取决于传感器类型、范围、信噪比、杂波和社交网络目标。它是根据接收机运行特性(ROC)、历史数据和当前环境近似传感器的功能获取信息的概率。

(2)信息:获取态势信息或传感器信息的量是可预测的,如第8章所述的卡尔曼滤波器状态估计器中误差协方差矩阵的范数以及贝叶斯网络熵的变化。

(3)价值(value):可以计算态势信息和传感器信息两者的任务值,如利用任务目标格来计算。

(4)比率(rate):获取信息所需时间的倒数,如重访时间、停留时间、改变轨道时间和数据库访问时间代表信息的时效性。

下面将EIVR分为两种互补的用途,即EIVR_{sit}(态势EIVR)和EIVR_{sen}(传感器EIVR)。

9.1.1 EIVR_{sit}期望态势信息价值率

EIVR在IBSM中的第一种用途是确定哪些信息可以最大程度地减少全局不确定性,同时最大化世界模型的任务值。目标是通过确定哪种更新可以在下一个采集时机中提供任务值最高的信息,在动态环境中保持通信信道(异构传感器)容量的有效利用。态势信息允许选择下一个最佳态势信息请求,根据背景信息最大程度地减少态势的不确定性,而无需考虑传感器系统如何获取信息。

一旦构建目标格来提供任务值,EIVR_{sit}的计算就变得很简单。

$$\text{EIVR}_{\text{sit}} = \varepsilon\{I_k^{\text{sit}}\}V(I_k^{\text{sit}})R(I_k^{\text{sit}}) \quad (9.1)$$

式中：$R = \dfrac{1}{(\text{Time}_k - \text{Time}_{k-1})}$ 为收集传感器数据所需的时间；$\varepsilon\{I_k^{\text{sit}}\}$ 为式（9.2）或式（9.3）在时间 k 上的态势信息期望值；$V(I_k^{\text{sit}})$ 为与来自目标格顶层的特定态势信息相关的目标格值；$R(I_k^{\text{sit}})$ 为获取该信息所需预期时间的倒数。态势信息获取概率 I_k^{sit} 用于态势信息期望值网的受管（传感器）节点，其中态势信息是在贝叶斯网络上的全局计算（global computation）（见第 8 章）。

因为 IBSM 使用贝叶斯网络作为知识表示模式，所以 I_k^{sit} 对应第 k 次观测下的全局时间贝叶斯网络信息。I_k^{TBN} 通过计算贝叶斯网络的全局熵变化得到[4]，即

$$I_k^{\text{TBN}} = \sum_{\text{所有疑似节点}} [H_k - H_{k-1}] \tag{9.2}$$

或者利用知识熵表示，其等价于式（8.8）和式（8.9），即

$$\text{TBI}(t_1) = \text{KEn}(t_0) - \text{KEn}(t_1) \tag{9.3}$$

9.1.2 EIVR$_{\text{sen}}$ 期望传感器信息价值率

传感器信息可以通过选择最佳的传感器功能来满足态势信息请求。传感器调度程序随后决定哪个传感器实际执行功能。传感器信息无法确定自身为什么被需要。传感器信息衡量的是内容，而不是原因。假设读者已熟悉第 8 章中的离散卡尔曼滤波器[5-6]，故此处仅列出误差协方差矩阵 $\boldsymbol{P}^+$ 的传播公式，即

$$\boldsymbol{P}_k^+ = [\boldsymbol{I} - \boldsymbol{K}_K \boldsymbol{H}_k]\boldsymbol{P}_k^- \tag{9.4}$$

式中：$\boldsymbol{P}$ 为误差协方差矩阵；$\boldsymbol{I}$ 为单位矩阵；$\boldsymbol{K}_K$ 为卡尔曼增益；$\boldsymbol{H}_k$ 为观察矩阵（不是熵）。期望传感器信息表示为

$$\text{EIVR}_{\text{sen}} = \varepsilon\{I_k^{\text{sen}}\} V(I_k^{\text{sen}}) R(I_k^{\text{sen}}) \tag{9.5}$$

式中：$R = \dfrac{1}{(\text{Time}_k - \text{Time}_{k-1})}$ 为收集传感器数据所需的时间；$\varepsilon\{I_k^{\text{sen}}\}$ 为式（9.6）或式（9.7）在时间 k 上的传感器信息期望值；$V(I_k^{\text{sen}})$ 为与特定传感器信息相关的目标格值；$R(I_k^{\text{sen}})$ 为获取传感器信息所需预期时间的倒数。

动态目标跟踪的期望传感器全局信息（global information）表示为

$$I_{\text{sen}} = -\log(H_g^- - H_g^+) \tag{9.6}$$

式中：H_g 为全局传感器熵。

在时间 k，对于第 j 个传感器，式（9.6）可以简化为

$$I_{\text{sen}} = -\log(\|\boldsymbol{P}_{k_j}^-\| - \|\boldsymbol{P}_{k_j}^+\|) \tag{9.7}$$

其中,双竖线代表维度共形范数。

9.2 下一个最佳采集时机(BNCO)

如式(9.1)所示,对于每个受管节点,$EIVR_{sit}$的计算结果是下一个最佳采集时机的有序列表,与哪个传感器从该受管节点获取相关信息无关。如式(9.5)所示,$EIVR_{sen}$的计算结果是下一个最佳传感器(指向信息)观察机会的有序列表。这表明,下一个最佳采集时机的短视排序可以利用两个单独的优化计算,如果把这些标准都合并到单个目标函数中,则既可以区分问题,又可以减少可能需要的研究量。

$EIVR_{sit}$的第一个作用是以对态势的了解和顶层任务目标的任务值为基础,与获取信息的方式无关。它只是确定了哪些态势信息能提供最大任务值以降低对全局模型和态势了解的不确定性。第二个作用利用了$EIVR_{sen}$和目标格最底层的实际可衡量目标,根据它们获取信息的能力,对传感器允许功能列表进行排序。为实现这一目的,信息实例化器将选择能最大程度减少贝叶斯网络受管节点不确定性的传感器功能,以此作为该态势的下一个最佳采集时机。非受管、态势和受管贝叶斯网络节点的区别将在第10章进行说明。

9.3 态势和传感器值的目标格

可以发现,即使采用归一化分量加权和方式实现,非共形和非等阶目标函数也存在问题。在声呐浮标传感器的使用中,已经尝试区分搜索和跟踪目标函数[7]。上述概念已经被5种不同的协方差方法检验,但这些方法均基于状态向量的物理协方差这个标准。收集计划将信息传递至模型,需要根据任务值及信息(如协方差降低)量对传感行动进行排序。

本节介绍一种称为目标格的任务目标价值可视化和计算方法[8]。格基于一个半序集,有

$$POSET = (X, \leqslant) \tag{9.8}$$

式中:X为一个集合;$\leqslant$为排序关系。半序集(POSET)要求每对元素有一个最小上边界(lub)和一个最大下边界(ldb),使其成为格。举一个关于格的数字示例,取一个包含计数数字的半序集,即

$$X = \{1, 2, 4, 5, 10, 20, 25, 50, 100\} \tag{9.9}$$

排序关系是"某个整数的约数",以此构成图9.1所示的格。

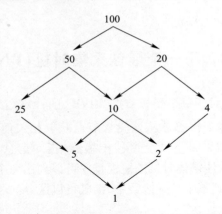

图9.1 基于一组计数数字和排序关系(式(9.9))的格的数值示例

在目标格中,任务值可视为一个集合,利用排序关系形成一个半序集。排序关系≤是一种包含关系,可以表述为"必要组成部分"。也就是说,下层目标是上层目标的必要组成部分。换言之,上层目标包括了下层目标,下层目标包含于上层目标。在数学上,半序集满足格的条件。格是一个半序集,基于包含关系,每一对目标(集合中的元素)都有最大的下边界和最小的上边界,因此称之为目标格。

9.3.1 目标格值

格的数学概念中并不包含值的概念,可以为格的每个目标附加一个任务值,每条边附加一个分配值。顶层的目标完成了任务,设置值为1。一旦根据排序关系构成了格,每个目标的值就会从包含它的上层目标中积累值,并分配到它包含的下层目标中。这种分配是互斥的,并且每一行都可以视为目标值守恒或零和博弈。也就是说,必须在每一层上决定如何将每个目标的任务值分配给它所包括的目标。

目标格结构和排序关系使目标格顶层的目标较"软"而难以衡量任务目标,并且它与我们对态势的了解有关。目标格底层的目标是真实的、可测量的任务值传感器观察函数(后者称为动态目标),并与支持任务所采用的特定传感器行为的任务值有关。目标格的数学描述可参考式(9.10)至式(9.15)。图9.2所示为计算过程示意图[9]。

在图9.3中,目标值分配和目标值积累统一定义为矩阵乘法,其中G_i是目标在第i层的行向量,D_i是从父层(第i层)到子层(第$i+1$层)的乘法系数分布矩阵。例如,层数$i=1$指从父层的目标层1到子层的目标层2分配目标值,利用式(9.12)的简单矩阵乘法将目标值从一层传递到下一层。

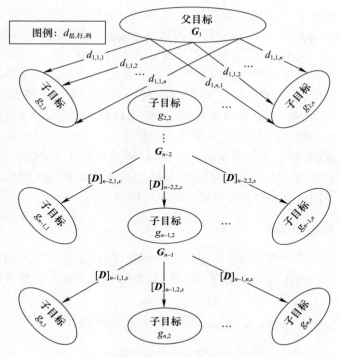

图9.2 从上层到下层的目标值分层计算图[9]

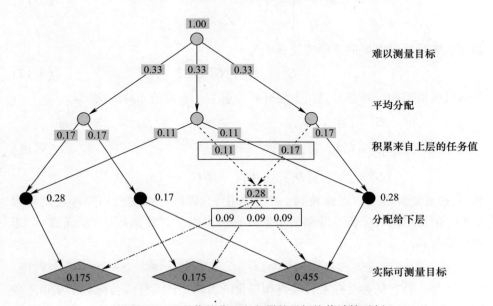

图9.3 显示了值的分配和积累的目标格值计算示例

图 9.3 展示了一个简单的数字示例,除形状以外不带有其他特定目标标签[9]。在这个例子中,假设一个目标为所有子目标分配相同的目标值,以便于解释算法。但一般情况下,不会等值分配。观察任务值为 0.28 的矩形目标,可以发现该值是其上方的两个目标分配给它的值之和(0.11 + 0.17)。其中一个目标提供了其值(0.33)的 1/3(即 0.11),另一个目标提供了其值 0.33 的 1/2(即 0.17)。0.11 和 0.17 之和为 0.28,即矩形目标的任务值。在分配方向上,本例的矩形目标将其任务值 0.28 平均分配给 3 个子目标,每个目标获得任务值 0.09。结果表明,对于目标格中的任意目标,可知晓其具体的任务值,包括任务值来源和分配情况。需要注意的是,目标格的自身结构和每个目标对子目标的分配情况两个因素会导致目标格底层的目标值不均等。

9.3.2 目标格计算

目标格可以简单地利用哈斯图实现可视化,但它要求计算上的可行性。下列公式使用目标格作为矩阵乘法。从第 i 层的目标值为 n 的向量开始,即

$$\boldsymbol{G}_i = [g_{i,1} \cdots g_{i,n}] \tag{9.10}$$

利用以下矩阵将权重从第 $i-1$ 层变换到第 i 层,即

$$\boldsymbol{D}_{i-1} = \begin{bmatrix} d_{i-1,1,1} & \cdots & d_{i-1,1,n} \\ \vdots & & \vdots \\ d_{i-1,n,1} & \cdots & d_{i-1,n,n} \end{bmatrix} \tag{9.11}$$

利用矩阵乘法可以更简洁地将其表示为

$$\boldsymbol{G}_i^\mathrm{T} = [\boldsymbol{D}_{i-1}] \boldsymbol{G}_{i-1}^\mathrm{T} \tag{9.12}$$

任何目标格层的计算都可以从上层开始分解为一系列的矩阵乘法,即

$$\begin{cases} \boldsymbol{G}_i^\mathrm{T} = [\boldsymbol{D}_{i-1}] \boldsymbol{G}_{i-1}^\mathrm{T} \\ \boldsymbol{G}_i^\mathrm{T} = [\boldsymbol{D}_{i-1}][\boldsymbol{D}_{i-2}] \boldsymbol{G}_{i-2}^\mathrm{T} \\ \boldsymbol{G}_i^\mathrm{T} = [\boldsymbol{D}_{i-1}][\boldsymbol{D}_{i-2}] \cdots \boldsymbol{G}_1^\mathrm{T}, \quad \text{且 } \boldsymbol{G}_1 = [1\ 0\ \cdots\ 0_n] \end{cases} \tag{9.13}$$

其中,权重矩阵 $\boldsymbol{D}_{i-x}$ 可以预乘到一个矩阵中,只需要一个实时矩阵乘法就可以计算任何层级的目标值。得到的单矩阵乘法可用于计算最底层(或任意)动态目标值行,即

$$[\boldsymbol{G}_\mathrm{bottom}]^\mathrm{T} = [\boldsymbol{D}_\mathrm{composit}]^\mathrm{T} [\boldsymbol{G}_\mathrm{top}]^\mathrm{T} \tag{9.14}$$

这是一种对任务目标进行编码和量化的方法,其中,任务目标包括从顶层的软、模糊、难以定义的目标到能够满足上层目标的实际可衡量行为[8,10]。

9.3.3 为确定系统目标的每个不同任务测量相对效用的方法和设备

尽管目标格可以实时更新,但静态任务目标格可以由主题专家(SME)离线构建,并在任务前的规划过程中分配特定任务的目标值。顶层目标值需要在任务执行期间由驾驶员和任务指挥官,或由无人系统的远程控制器进行更新。大多数目标格结构是静态的,与特定任务无关的目标可以为其分配零值使之无效,而无需改变结构来消除这些目标。由于 IBSM 中目标格实际上是作为一个简单的矩阵乘法而使用的,相当于将该目标格矩阵中的元素清零。

目标格的底层目标是动态目标,当信息实例化器将态势信息请求转换为观察请求时,动态目标被实时实例化[11-12]。动态目标与任务目标格之间的关联是固定的因果关系,因此信息实例化器只是实例化一个动态目标,并将其插入到目标格中计算其值。当观察请求不再有效时,动态目标将从目标格中移除。最终结果是,每个实际可测量传感功能的任务值都可以从目标格中计算出来。底层目标值将随着上层目标相对值的变化而实时变化。

9.3.4 目标格灵敏度

底层值是由目标格的结构和值的分配决定的,那么底层值对于两者的依赖程度有多大? 这种依赖程度可以通过灵敏度分析来确定[13]。灵敏度分为两类,即值灵敏度和结构性灵敏度。目标值灵敏度取决于实际结构,其影响是定性的而非定量的,对上层目标的摄动越小,对下层目标的影响就越小。目标格根据其规模和深度对摄动有一个稀释过程,即随着层数的增加,摄动造成的影响就减小。

类似于顶层目标值的摄动,目标格对称性直接影响目标格底层值的摄动。如果需要定量解,则可以研究将值从某一层变换到下一层的变换矩阵的雅可比行列式[13]。

9.4 系统目标格示例

本节假设目标格可以有效表示从顶层到底层的任务目标,以确定单个传感器行为的任务值,同时目标格也可用于其他过程和结构的可视化。由于目标格是按排序关系构建的格,因此它具有跨层线性相关性。目标格通常以直接数学形式表示为从某一层到另一层的变换矩阵。目标格也可以表示为哈斯图,包括各个目标、目标值以及叠加在几条边上的分配值。

例如,可以使用图 9.4 中的目标格分析美国宪法,从顶层的 6 个目标开始,即建立联邦、树立正义、维护稳定、提供国防、增进福祉和谋求自由。如何权衡这 6 个最高目标的相对价值,决定了其实际可衡量行为的宪法价值。

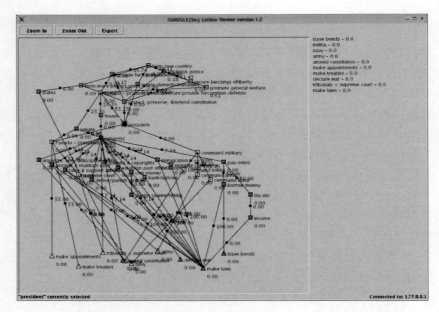

图9.4 美国宪法的一部分目标格——以哈斯图形式显示顶层最难衡量的目标

如图9.5所示,美国空军已经建立了目标格[13]。"目标是根据美国空军和

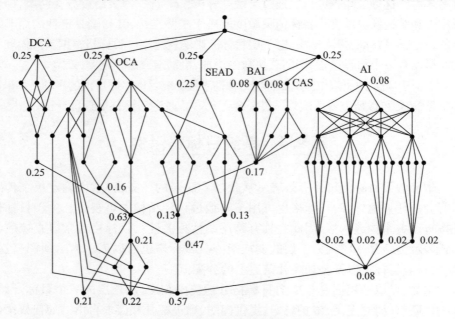

图9.5 美国空军目标格示例

参谋长联席会的条令手册以及空军指挥与参谋学院的课程材料"。图9.6显示了攻击机传感器管理系统的目标格的简化版本。保全自身、保护友军、保存实力、渗透防区和协同作战这些顶层的竞争目标是应该注意的。底部是所有可能的动态目标,可由信息实例化器进行实时实例化,包括未知目标的无源法线航迹、有源搜索、敌机的有源法线航迹、LPI信号有源搜索等。每个动态目标都与目标格有某种已知关联,从而可以轻松计算任务值并将其用于 $EIVR_{sen}$ 的计算中。直升机健康与使用监控系统(HUMS)[14]以及无人值守地面传感器的 Ad Hoc 分布式网络[15]也建立了目标格。

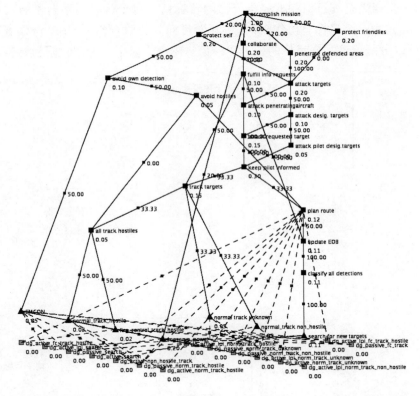

图9.6 基于任务的简化目标格——底部显示5个竞争性的顶层目标和动态目标[11]

9.5 通过目标格协同

众所周知,任何传感器都无法单独测量整个现实世界,传感器管理系统必须选择正确的资源组合。"电子战资产和 ISR 资产相互利用就能发挥最佳作用。

它们应被分配到可以相互支持的区域,并形成一个功能包",在单一平台上相对容易实现这一点,但是还必须利用通用模型集成不同的资源[16]。

使用目标格中共同目标所提供的隐性合作,可以实现多层资产集成。这种方法融合了局部目标(如自卫和最大化滞空时间)和共同目标[9,17]。也就是说,该方法是在保持局部自主的同时努力实现上层目标,称为从属自治:维持局部的分布式控制,同时属于上层目标。其他文献以传感器合作[18]和自主[19]的方式分别处理了这些问题。

目标格是引导不同传感器平台进行合作的方法,因为上层机构具有自己的目标格,包括满足其目标的下层执行器的目标格。每个传感器平台都有自己的目标格(其中一个目标是协作)并且将共同目标分配给合作者,每个合作者确定自己可以分配给该共同目标的任务目标值。图 9.7 显示了上层权限目标格和从

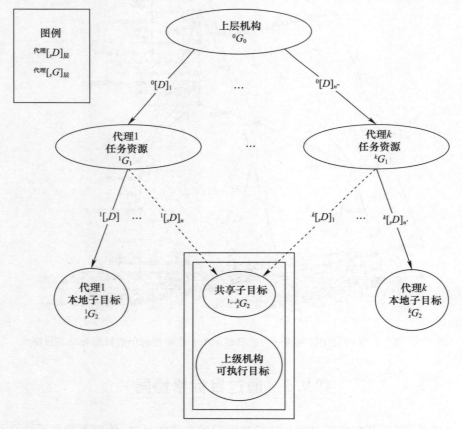

图 9.7 包含从属任务资源目标格的上级机构目标格[9]

属执行器目标格的相互作用。表达式与之前相似,只是附加了共同目标向量S_i,即

$$sG_i = [G_i | S_i] \qquad (9.15)$$

完整表达式可参考文献[17]。

共同目标的意义是,每个分布式传感器管理器都可以确定投入到共同目标的工作级别(即工作目标的量),同时考虑自身的局部环境。当它遭到激烈攻击时,自卫目标将获取较高优先级。另一个意义是,从属实体能够利用通信管理器向上层机构发送它投入到共同目标的工作级别,然后上层机构就能知晓是否需要将其他资产分配给该共同目标。

9.6 目标格引擎

任务目标格构建和维护的原型工具已完成开发。主题专家利用这些工具来构建目标格,只需输入目标并确定任何一对目标之间的从属关系。目标格引擎会自动创建目标格并确保其完整性,对于每对任务目标,都必须有最小上边界和最大下边界。目标格的本质是格,目标格引擎也能找到目标格构建者可能错过的未指定的任务目标。目标格引擎是一个目标格构建工具[20-21],它允许以自由形式输入目标、值及其关系,从而构建一个集成的、有序的和有值的目标格[8,22]。这种方法允许相对短视的观察数据输入而生成满足目标要求的目标格。事实证明,目标格构建是一种合作工作,不需要完全了解目标格即可构建目标格。例如,局部管理器可以将自身积累的值分配给子目标来实现其自身目标。跨多层的集成目标格可实现透明的目标结构,上层管理器可以看到下层目标如何实现上层目标;同样,下层目标也可以看到为何被赋予需要实现的目标。

参考文献

[1] Hanselman, P., et al., "Dynamic Tactical Targeting," Proc. SPIE, Vol. 5441, Orlando, FL, 2004.

[2] Hintz, K. J., Information Directed Data Acquisition, Charlottesville, VA: University of Virginia, 1981.

[3] Hintz, K. J., "Information Request Generator," U. S. Patent 7,991,722, August 2, 2011.

[4] Hintz, K. J., and S. Darcy, "Valued Situation Information in IBSM," 20th International Conference on Information Fusion(FUSION 2017), Xian, China, 2017.

[5] Kalman, R. E., "A New Approach to Linear Filtering and Prediction Problems," Transactions of the ASME, Vol. 82, 1960, pp. 35–45.

[6] Gelb, A., Applied Optimal Estimation, Cambridge, MA: MIT Press, 1974.

[7] Gilliam, C., et al., "Covariance Cost Functions for Scheduling Multistatic Sonobuoy Fields,"

21st International Conference on Information Fusion, Cambridge, U. K. ,2018.

[8] Hintz, K. J. , and G. A. McIntyre, "Goal Lattices for Sensor Management," SPIE 3720, Signal Processing, Sensor Fusion, and Target Recognition VIII, Orando, FL, 1999.

[9] Hintz, K. J. , and I. Kadar, "Implicit Collaboration of Intelligent Agents Through Shared Goals," SS14 Sensor, Resources, and Process Management for Information Fusion Systems, FUSION2016, Heidelberg, 2016.

[10] Hintz, K. J. , and G. A. McIntyre, "Method and Apparatus of Measuring a Relative Utility for Each of Several Different Tasks Based on Identified System Goals," U. S. Patent 6,907,304, June 14, 2005.

[11] Hintz, K. J. , and J. Malachowski, "Dynamic Goal Instantiation in Goal Lattices for Sensor Management," Proceedings of the SPIE, Vol. 5809, Orlando, FL, 2005.

[12] Hintz, K. J. , and M. Henning, "Instantiation of Dynamic Goals Based on Situation Information in Sensor Management Systems," Signal Processing, Sensor Fusion, and Target Recognition XV, Orlando, FL, 2006.

[13] McIntyre, G. A. , "A Comprehensive Approach to Sensor Management and Scheduling," Dissertation, George Mason University, Fairfax, VA, 1998.

[14] Schaefer, C. G. , and K. J. Hintz, "Sensor Management in a Sensor – Rich Environment," Proceedings of SPIE, Vol. 4052, Orlando, FL, 2000.

[15] Hintz, K. J. , "Utilizing Information – Based Sensor Management to Reduce the Power Consumption of Networked Unattended Ground Sensors," Signal Processing, Sensor Fusion, and Target Recognition XXI, 2012.

[16] Gaetke, M. , "Crossing the Streams, Integrating Stovepipes with Command and Control," Air and Space Power Journal, Vol. 28, No. 4, 2014.

[17] Hintz, K. J. , "Implicit Collaboration of Sensor Systems," Proceedings of the SPIE, Vol. 5429, Orlando, FL, 2004.

[18] Zhao, F. , J. Shin, and J. Reich, "Information – Driven Dynamic Sensor Collaboration," IEEE Signal Processing Magazine, Vol. 19, No. 2, March 2002, pp. 61 – 72.

[19] Fernandes, R. , M. R. Hieb, and P. Costa, "Levels of Autonomy: Command and Control of Hybrid Forces," 21th ICCRTS – C2 in a Complex Connected Battlespace, London, U. K. ,2016.

[20] Hintz, K. J. , "GMUGLE: A Goal Lattice Constructor," Proceedings of SPIE, Vol. 4380, Orlando, FL, 2001.

[21] Hintz, K. J. , and A. S. Hintz, "Creating Goal Lattices with GMUGLE," Signal Processing, Sensor Fusion, and Target Recognition XI, Orlando, FL, 2002.

[22] Hintz, K. J. , "Interactive Closed – Loop Data Entry with Real – Time Graphical Feedback," U. S. Patent 7,545,376, June 9, 2009.

第 10 章

基于信息的传感器管理(IBSM)实现途径

10.1 引　　言

第 8 章和第 9 章详细介绍了 IBSM 的两大底层支柱。第一大支柱是两类信息,即态势信息 I_{sit} 和传感器信息 I_{sen}。第二大支柱是用于确定该信息任务值的目标格。本章介绍 IBSM 的其余部分,并详细说明其实现途径。图 8.1 以框图形式给出了 IBSM 的 6 个组成部分,但是通过参考图 10.1 所示的流程图可能更容易理解实际的实现途径。在图 10.1 中,除未展示的通信接口外的 6 个组成部分使用相同的标识符。

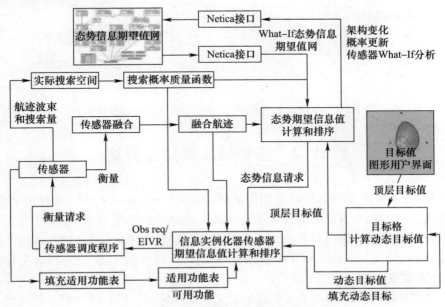

图 10.1　IBSM 其他信息的实现方式流程图

目前，IBSM 可以方便地在异构软件环境中实现原型设计，而不是仅用一种语言编写操作系统。图 10.2 显示了所采用的各种编程语言及其互相联系，其中包括 Matlab[1]、Java[2]、PostgreSQL[3]、Netica[4] 和 VR – Forces[5]。VT MAK 公司的 VR – Forces 只是为演示提供实时仿真环境，但它不属于 IBSM。VR – Forces 可以通过模拟预期的环境并评估备选路线或场景，从而作为任务前规划的辅助工具。

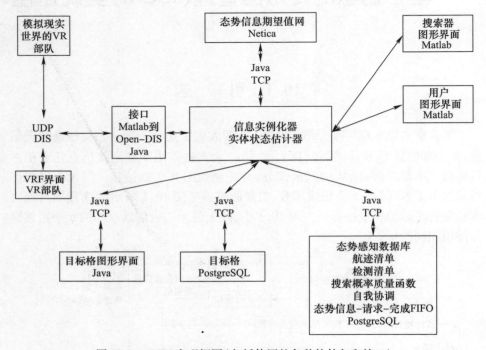

图 10.2　IBSM 实现框图（包括使用的各种软件包和接口）

10.2　态势信息期望值网络

图 10.1 左上方的态势信息期望值网（SIEV – net）由因果贝叶斯网络组成，将现实世界的各个方面表示为相互连接和互为条件的随机变量，并用该方法计算预期态势信息值率（$EIVR_{sit}$）[6]。此处重点关注贝叶斯网络的结构，代表了对现实世界的了解。如图 10.3 所示，贝叶斯网络可以分为 3 类节点，即非受管节点、态势假设节点和受管节点[7]。

如图 10.4 所示，第二个示例显示了无人值守地面传感器网络的不同类型节点，这些节点被控制以降低功耗[8]。在这种传感器网络中，由于传感器冗余覆

第 10 章 基于信息的传感器管理（IBSM）实现途径

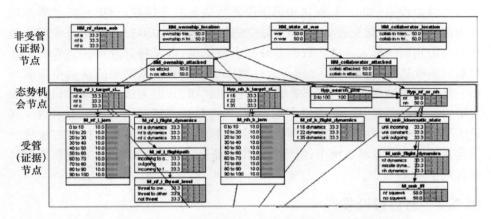

图 10.3 包括将语境知识表示为非受管节点、（有兴趣改善的）
态势知识和（可以从作为受管节点的传感器中获取的）传感器信息的贝叶斯网络

盖了不同的传感器组，因此能降低功耗。IBSM 不仅用于降低功耗，而且还用于防止单个传感器比其他传感器组先耗尽电池电量。

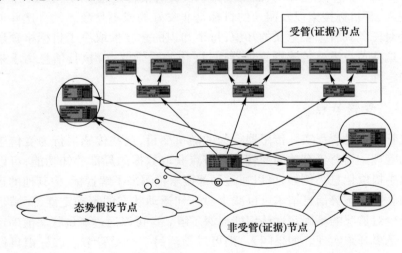

图 10.4 用于无人值守地面传感器网络的态势信息期望值网
（显示了非受管节点、态势假设节点和受管节点）

10.2.1 非受管节点

传感器管理系统贝叶斯网络包含一些所需的知识，但无法控制这些知识的获取。这些知识提供了任务的背景，并协助评估传感器系统自身情况。非受管

· 143 ·

节点可以是地图(如公路、铁路和河流位置)、电子战斗序列(EOB)、传感器范围外的部队部署、平均交通状况、非友好空中战斗序列(AOB)、战争状态和拒止地区的政治氛围的形式。这些数据由外部来源提供,可以将其发布在公告板上并根据需要推送更新,也可以存储在云存储库中由态势信息期望值网从中提取数据。其中的关键点在于传感器系统可以使用此知识,但无法控制该知识的获取或更新。也就是说,IBSM 可以利用地图,根据目标在道路还是河流上来减少其关于交通工具类型的不确定性,但不会创建新地图。有许多可选择的方法将背景合并到传感器管理系统中,但将背景作为非受管节点可以规范该过程,并使其具有数学意义[9-15]。

10.2.2 态势假设节点

感兴趣的且与任务相关的随机变量称为态势假设节点。它们代表传感器管理系统对态势的了解。决策者利用这些节点告知其选择的行动。态势假设节点基于背景和对环境的观察,是与环境中的事件或态势相关的随机变量。某些背景在非受管节点中是已知的,而某些背景仅对决策者是已知的。例如,非友好目标的闯入、新目标搜索以及闯入的目标是非友好的或不是敌方的。这些节点表示的是对任务具有重要意义的知识,每个知识的重要性取决于目标格顶层的相对值。这些节点需要传感器管理器通过(作为受管节点)执行信息请求来减少其不确定性。

10.2.3 受管节点

受管节点是表征实际传感器行为的随机变量,这些传感器行为受传感器管理者的管理。与背景有关的受管证据节点获取数据的局部感知功能,可以从这些数据中提取信息。例如,可以通过局部搜索检测来了解目标,但其他的运动状态未知。启动态势信息请求可以减少对未知运动状态的不确定性,而满足该请求能减少对情况的不确定性认识即加深了解。这可以通过测量状态值确定目标闯入还是离开来实现。如果闯入,则可以激活另一个受管节点以标识目标。基于目标的立场(友好、非友好、中立)和类型,可以修改目标模型的过程动态来提升目标跟踪能力。受管节点是传感器管理器的实际态势信息请求,该请求可以传递给信息实例化器来执行。

以上讨论的是通过有源(雷达或激光雷达)或无源(电子支援措施、热成像、阅读社交媒体文章)观察手段,非侵入性地使用传感器来观察环境,但这也有可能引起目标的反应。另一种方法是使用探测传感器,传感器平台的行为旨在激发可测量的响应。例如,在军事上,人们使用传感器平台向敌方作出侵略性的动作。这些动作可用于确定对手的传感器系统是否具有战时操作模式,从而揭示(摸清)先前未知的能力。可以采取一些行动来辅助判断态势模型中的假设,例如,驾驶海军舰船穿过有争议的海域引起军事或外交反应,从而判断敌方是否主张部分海域是其领海的一部分。

10.3 动态贝叶斯网络和态势信息

以上章节的讨论都假定基本贝叶斯网络是静态且不变的,但这显然不满足实际传感器管理系统情况,该系统必须处理态势发展过程中的动态知识。动态因果贝叶斯网络已被用于表示时间连续过程的不同时间片[16]。该方法的目的是对由节点的时间序列表示的单个过程进行建模。本节使用动态贝叶斯网络一词来表示完全不同的事物——结构实时变化以表示背景和实际态势的网络。这里使用的动态贝叶斯网络是一种面向对象的贝叶斯网络(OOBN),类似于多实体贝叶斯网络(MEBN)(参阅第 3 章)[17],其节点会以(贝叶斯)网络片段 netfrags的形式自动插入和删除[18]。面向对象的贝叶斯网络可以解释为随机函数程序,它可以指定实际情况的唯一概率模型。这些网络片段具有已知的结构和连通性,因此它们在实例化时会扩展或收缩(删除它们则收缩)贝叶斯网络的规模,并通过一般的贝叶斯网络状态概率表(CPT)定义条件概率,进而连接到正确的预定因果节点。图 10.1 中显示了实现方法,图中态势信息期望值网通过 Netica 应用程序接口(API)连接到态势信息期望值网计算和排序模块。该应用程序使用了 Norsys 公司的贝叶斯网络开发软件 Netica,它支持几种不同语言的接口,如 Java、C、C#、VB 和 GeoNetica[19]。这里使用 Java 接口连接到 IBSM 的 Matlab[1]。Netica 中的现有网络将由 Matlab 通过 Java 接口作为可扩展标记语言(XML)格式文件进行检索。Matlab 将网络片段插入 XML 格式的网络列表中,并通过相同的接口将其上传到 Netica 环境中。

将 XML 网络片段插入态势信息期望值网的过程如图 10.5 所示[20],Matlab程序通过 Java 接口从 Netica 提取现有态势信息期望值网作为文本文件,然后将 XML 网络片段模板插入该文本文件。再通过相同的 Java 接口将自动编辑好的态势信息期望值网重新插入 Netica,网络片段模板示例如图 10.6 所示[20]。

图 10.7 至图 10.9 展示了 OOBN 态势信息期望值网的演变。图 10.7 显示态势信息期望值网在任务开始时未检测到目标,因此航迹上没有目标。非受管节点、态势假设节点和受管节点(态势信息请求)的标签分别以 NM、Hyp 和 M 开头。大多数标签都是非常直观的,并带有 NM_nf_clss_aob,它表示空中战斗序列

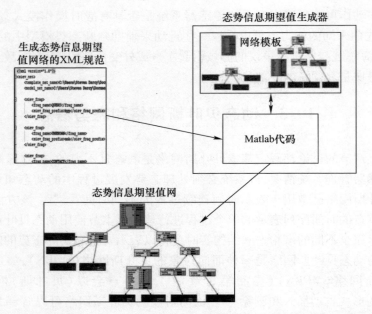

图 10.5　使用模板和 Matlab 接口将网络片段插入态势信息期望值网的方法框图

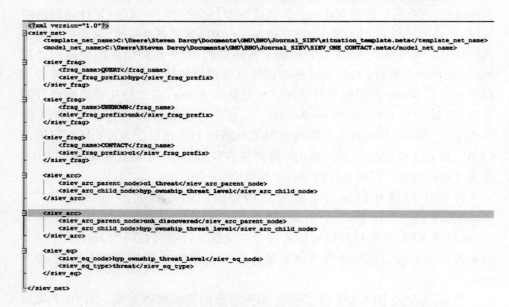

图 10.6　用于实时创建动态态势信息期望值网网络片段的部分 XML 代码[20]

中的非友好目标类的非受管节点。由于在开始运用时航迹上没有目标,因此图 10.7 只有一个假设节点 Hyp_Search_pmf,即搜索概率质量函数(spmf)。概率质量函数用于确定哪个搜索量最有可能找到目标以及在哪里执行第一个搜索功能。搜索概率质量函数可以从均匀分布开始（表示没有先验知识的），也可以预先加载从其他 ISR 资源获得的分布。文献[21-22]详细介绍了演进概率密度函数搜索卷的方法。

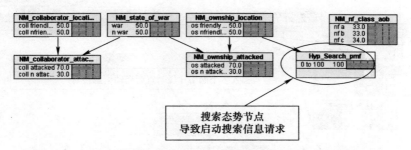

图 10.7　任务开始时航迹中没有目标的态势信息期望值网

图 10.8 显示了一个最小的网络片段模板，即 Hyp_unk_80_target_class、M_unk_80_flight_dynamics 和 M_unk_80_flightpath，这些模板在受管搜索节点（未显示）检测到未知目标后插入到态势信息期望值网。数字 80 是任意登录号，其随新目标出现而增大。应注意，利用受管节点测量飞行动态或飞行路径，可降低假设目标类别的不确定性。图 10.9 是图 10.8 在执行任务期间内的演变，显示了在保留 Hyp_Search_pmf 及其受管搜索节点（未显示）的情况下，为每个新检测到的目标插入额外的目标网络片段和标识符。对每个可能的受管节点评估态势信息期望值网的全局信息变化，并与任务值和概率结合以创建期望信息值率 $EIVR_{sit}$ 的有序列表，从中启动下一个最佳采集机会作为传感器信息请求发送给

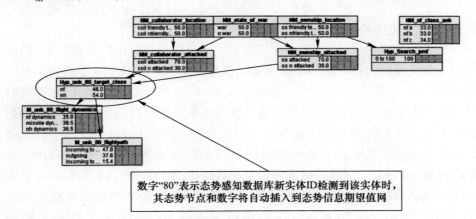

图 10.8　检测到目标后的态势信息期望值网

信息实例化器。贝叶斯网络中知识的全局变化是通过知识熵 KEn 的变化来衡量的(参见式(8.8)和式(8.9))[23]。

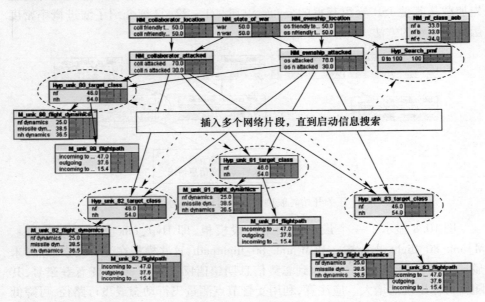

图10.9　检测到多个目标并插入网状片段之后的态势信息期望值网

IBSM 为受管节点计算 $EIVR_{sit}$，并根据相对 $EIVR_{sit}$ 的排序启动搜索和航迹信息请求。该排序可以根据目标格上最高任务值的相对值进行反排序。图10.9显示了在执行任务期间态势信息期望值网演进的后期阶段，其中有多个目标在航迹上，需要在目标跟踪和(根据 $EIVR_{sit}$)搜索工作量投入之间进行权衡，并更改相关任务的目标值。

如9.1节所述，尽管这是一种寻找下一个最佳采集时机的短视方法，但也无法排除使用时间贝叶斯网络和不确定性外推法实现寻找下一个最佳采集时机进行一阶、二阶或高阶搜索。如果不观察环境，贝叶斯网络的 KEn 将随时间增加。在 Netica 中，可以利用网络灵敏度函数轻松地计算信息量(全局熵的变化)[24]。如果选择单个受管节点，则可以轻松计算态势信息。图10.10和图10.11显示了具有两个不同 KEn 的贝叶斯网络示例。第一个具有均匀分布的概率，得到 KEn 为7。如果获得了某些证据，如 TrackA_Classification 节点的更改，会导致 KEn 降至5.95。由传感行为导致在 IBSM 中衡量态势信息将使全局熵发生变化，因此由这一传感行为得到的信息量为 7.00～5.95bit 或 1.05bit。

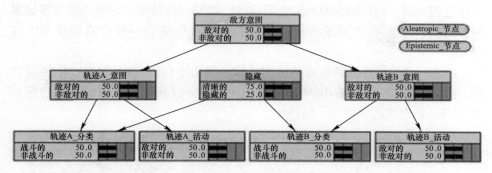

图 10.10　包含均匀概率(无证据)以及随机节点(深灰色)和认知(浅灰色)节点的贝叶斯网络示例[23]

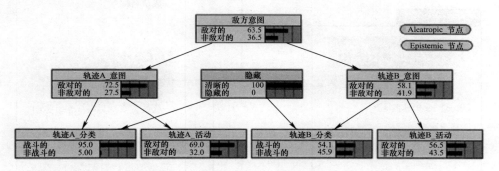

图 10.11　分类证据改变后的贝叶斯网络[23]

10.4　传感器选择和控制功能

IBSM 是一种通用的传感器管理器,需要与各种不同的传感器一起工作。传感器是根据可执行的功能定义,而不是根据用于完成该功能的物理、图像处理或社交媒体分析方法定义。这种方法有两方面好处:一方面,不同类型的传感器平台或不同层级的情报、监视和侦察集成系统,只需要一个传感器管理器即可;另一方面,在不知道哪些传感器要连接到平台,也不考虑执行任务期间系统的正常降级的情况下,就可以计划任务、确定目标格值以及加载系统的背景信息。根据设计,IBSM 利用动态适用功能表(AFT)实现正常降级。可以通过确定需完成的传感器功能来获取任务所需的态势信息类型完成选择要部署在平台上的实际传感器。一个平台上的 IBSM 可以通过通信接口和合作者适用功能表条目,使用另一个联网平台上的传感器。随着新传感器的开发或虚拟传感器的定义,可以实现它们,并使其具备适用功能表条目功能。例如,各物理传感器或作为多域虚拟传感器[25]的混合传感器的适用功能表条目可指定为一种传感器模型语言(SML)[26]。

图 10.12 给出了这种模式的示例。随着网络平台的实现,它可以广播其功能,并且将其输入到远程 IBSM 的适用功能表中。该功能将添加到适用功能表和(态势)信息实例化器两个组件中。

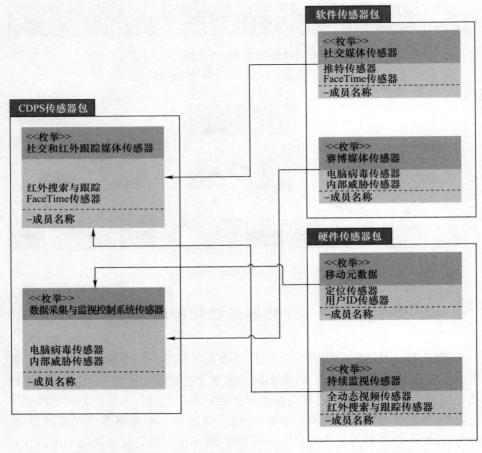

图 10.12 由单个传感器功能的传感器模型语言描述组成的多域虚拟传感器[25]

10.4.1 适用功能表

如图 10.1 左下方所示,在任务准备开始时适用功能表尚未加载内容。当将传感器添加到机身(如带有可附加传感器组的无人机)或已经安装到机身上的传感器联网并完成初始化后,这些传感器与 IBSM 通信,将可执行的功能和信息实例化器所需的参数添加到适用功能表,以确定"态势－信息－请求"到"观察－功能－请求"的映射。图 10.13 给出了用于低功耗、无人值守地面传感器应用的适用功能表示例。

在本例中,一组商用现货传感器的特征是信息实例化器可以使用它们来满足态势信息请求。每个传感器组包含 6 个传感器[8]:

(1) GPS 传感器,用于确定传感器的初始位置;
(2) 声学传感器,可爆炸检测;
(3) PIR(无源红外探测器);
(4) 个人地震传感器,有 8 个灵敏度等级,野外和城市环境各 4 个等级;
(5) 车载地震传感器,有 4 个灵敏度等级;
(6) 磁传感器,有 1 个灵敏度等级。

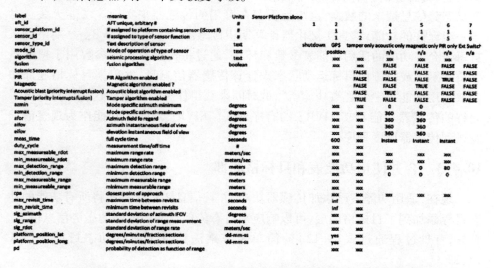

图 10.13 为商用现货无人值守地面传感器开发的部分适用功能表[8]

适用功能表的主要好处之一是,当设计新传感器或实现新技术时,可以在传感器模型语言中描述该传感器特性,且将它们引入 IBSM 时,由于 IBSM 可以利用可用的传感器功能来发挥最佳作用,而无需对 IBSM 进行任何更改。图 10.12 给出了虚拟传感器示例,该图清楚地显示了任意传感器的功能都可以用传感器模型语言来描述。传感器模型语言描述实际上就是传感器模型。

10.4.2 信息实例化器

从图 10.1 可以看到,信息实例化器具有来自 IBSM 其他组件的多个输入[27]。它的输入是具有时间限制(不早于、不迟于)、适用功能表条目、动态(底层)目标值、融合航迹和搜索概率质量函数(SPMF)的态势信息请求。利用这些输入,将产生对传感器调度程序的观察请求和动态目标两个输出,用于增加/减少任务目标格的底层内容[28-29]。动态目标可以看作图9.6中目标格底部的正方形。图9.6左下方的动态目标(dg)观察功能的一些示例为dg_active_identify、dg_passive_fc_track_hostile(无源传感器获得的敌方目标火控轨迹)和dg_active_fc_lpi_track_hostile(有源传感器获得的敌方目标低截获概率轨迹)。由于适用功能表内存在传感器功能条目,因此每个动态目标都已放置在目标格中。信息实例化器的主要功能是将来自态势信息期望值网的信息请求转换为对传感器调度程序的观察请求。

信息实例化器首先从适用功能表的所有传感器功能集中向下选择一组允许的功能,将态势信息请求转换为观察请求(10.2节)。允许的传感器功能将提供满足态势信息请求的数据,这与是否存在可用的传感器来实现该功能无关。对于一组允许的功能,信息实例化器计算期望传感器信息值率 $EIVR_{sen}$。期望值来自每个允许功能的适用功能表参数和环境,通过将传感器功能参数用于搜索概率质量函数或轨迹内目标运动状态来计算传感器信息量,并根据目标格底部和获取适用功能表中的观察功能所需的时间来获得任务目标值。这些计算提供了允许的传感器功能及其 $EIVR_{sen}$ 的有序列表。$EIVR_{sen}$ 最高的功能作为观察请求发送到传感器调度程序。

10.4.3 合并使用功能表和目标格底部

现在,适用功能表已添加传感器功能,并且信息实例化程序将所有功能的动态目标添加到了目标格底层,可以响应来自态势信息期望值网的态势信息请求。首先,背景过程通过式(9.12)的简单矩阵乘法计算出所有动态目标的任务值,即

$$\boldsymbol{G}_i^T = [\boldsymbol{D}_{i-1}] \boldsymbol{G}_{i-1}^T \tag{10.1}$$

在对顶层任务目标值的相对值进行更改之前,无需重复此矩阵乘法。然后,信息实例化器从适用功能表中向下选择满足态势信息请求的允许功能集 $DG_{admissible}(I_{sit})$,即

$$DG_{admissible}(I_{sit}) \subseteq DG_{AFT} \tag{10.2}$$

再后,对于每个允许的 DG,计算期望传感器信息量 $\varepsilon\{I_k^{sen}\}$。最后,根据式(9.5)计算 $EIVR_{sen}$ 为

$$EIVR_{sen} = \varepsilon\{I_k^{sen}\} V(I_k^{sen}) R(I_k^{sen}) \tag{10.3}$$

式中：$V(I_k^{sen})$ 为动态目标的值；$R(I_k^{sen})$ 为获取信息（可从适用功能表条目推导出或根据传感器功能参数计算）所需时间的倒数。

基于允许功能的期望信息价值率 $EIVR_{sen}$ 对观察请求进行排序，根据态势信息请求中传递的时间约束或计算得出的时间约束，可将其进一步简化为允许功能列表，以确保不会丢失轨迹。然后，将具有最高 $EIVR_{sen}$ 的可行传感器功能发送给传感器调度程序，即

$$DG_{feasible}(I_{sit}) \subseteq DG_{admissible}(I_{sit}) \qquad (10.4)$$

如果可行传感器功能列表为空，则信息实例化器立即拒绝态势信息请求，并通知态势信息期望值网。通过这种方式，态势信息期望值网可以知道可用传感器将无法获得所需的态势信息。

同样，对于传感器调度程序，如果由于时间限制、可用传感器不足或更高 $EIVR_{sen}$ 的观察请求正在排队等情况导致传感器无法排队且无法满足传感器调度程序功能，则传感器调度程序会立即拒绝对信息实例化器的观察请求，并且要求下一个可行传感器行为，直到信息实例化器中的有序列表用完为止。

10.4.4　时间约束

在本节前和第 4 章的图 4.3 中还提到了另一个考虑因素，即尽可能降低已跟踪目标的轨迹丢失。这等于计算目标在下一个观察时间不在雷达主瓣中或不在成像传感器（如红外传感器）瞬时视场（IFOV）中的概率，有时称为重访时间。重访时间很容易大于态势信息期望值网及其态势信息请求提供给信息实例化器的最晚时间。在过程噪声和目标模型动态中获得的目标机动性，可用于确定目标何时超过单目观测目标的空间体积。如果目标的最大加速度（所跟踪飞机类型的极限 g 值）垂直于目标的速度矢量，则可以做出最坏情况下的估计。这可以投影到垂直于雷达波束轴或瞬时视场轴的方向上，以确定不再进行单目观测目标后的持续时间。4.3 节和 10.3 节描述了数值示例、天线波束宽度和距离的交集以及与波束正交的最大机动作为加速度函数。也就是说，确定允许功能时必须满足不晚于时间准则的约束条件，以确保不会丢失航迹。

10.5　传感器调度程序

当确定了要观察的实体，传感器调度程序将在传感器和平台功能、几何结构和机动性的约束范围内确定最佳的测量顺序。正如 9.1 节所述，可以选择贪婪算法。使用该算法的最坏情况是，运行准确率为最佳多级传感器选择方法的

50%。IBSM 可以使用任何调度算法,在线、贪婪、紧急驱动、抢先式调度算法(OGUPSA)通过将新的观察请求与队列中已经存在的传感器观察请求进行比较,直接确定是否可以满足观察请求[30-31]。也就是说,OGUPSA 将观察请求映射到可以满足该请求的传感器,如果观察请求比其他队列条目具有更高的 $EIVR_{sen}$,则将观察请求优先排队到适当的传感器。

如图 10.14 所示,OGUPSA 是一个简单的排队系统,用于调度观察请求。IBSM 可以在受限环境中运行,当存在更高 $EIVR_{sen}$ 的观察请求时,OGUPSA 可能会拒绝当前或先前排队的观察请求。如果观察请求被拒绝,则将其返回到信息实例化器,信息实例化器再发出有序列表中的下一个最高 $EIVR_{sen}$ 观察请求,该过程一直持续到态势信息请求的有序列表用完为止。在这种情况下,态势信息请求将返回到态势信息期望值网,它可以决定是否以更高的优先级和更长的时间间隔重新发出态势信息请求,以此满足态势信息请求。通过这种方式,决策者立刻就能知道传感器系统无法获得必要的信息。

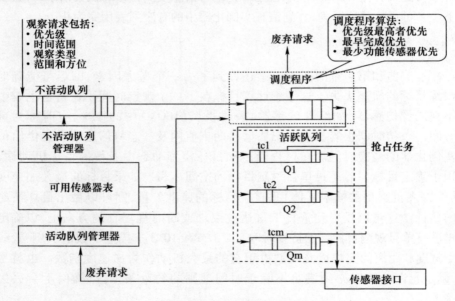

图 10.14　OGUPSA 将观察请求转换为传感器行为

在一个或多个任务过程中或是在任务完成后,以及从其他执行类似任务的传感器管理器经验中导出的准备信息中,信息实例化器和传感器调度程序都可以进行强化学习,从而变得更加智能[32-33]。文献[32]指出,"……强化学习用于自动发现'信念'(由分布式感知网络生成)到'行为'(使有源传感器收集有用的观察)的映射。"

这种学习可以在当前任务背景下改善传感器特性估计值或提高获得某些类型信息的概率,还能学会哪些信息请求可以合并,以最大化信息/观察率并提高传感器系统的效率[34]。

10.6 通信管理器

IBSM 的第 6 个组成部分是通信管理器。通信链路通常不会被视为传感器管理器的组成部分,但其对于网络功能、协调任务合作者、接收上级机构的共同目标、向上级报告在该目标投入的任务值以及实际共同目标信息请求的结果等方面是不可或缺的。局部传感器管理器是唯一了解态势和背景的实体,因此只有局部传感器管理器知道对一个或多个共同目标投入的任务值。同样重要的是,传感器管理器有能力告知并允许合作者使用传感器的观察功能。反之亦然,局部传感器管理器也会从可共享传感器功能的合作者处接收适用功能表条目。

通常,传感器管理器会尝试利用机载功能来满足其态势或传感器的信息需求,但有时会无法使用,有时也会因使用了机载传感器而对任务产生不利影响。由于信息请求是结构化的,所以可以广播给友方,而无需指定满足条件的对象。通信管理器的另一用途是作为分布式计划算法(如拍卖算法或其他基于市场的方法)的使能器[35-36]。

同样,信息请求可以直接发送给那些向本地传感器管理器提供加载适用功能表条目的合作者。这种动态性是可实现的,这得益于适用功能表实时加载、添加和删除传感器功能的灵活性。适用功能表的维护是一个后台过程,不会影响 IBSM 其余部分的运行,而 IBSM 可以通过允许的传感器功能满足信息请求(无论本地(机载)还是远程传感器)实现最佳工作效果。

10.7 态势评估数据库(SADB)

显然,很多关于态势的数据和知识必须存储并提供给不直接属于传感器管理系统的各种数据融合和信息提取组件。态势评估数据库是一个关系数据库,它只存储相关数据而不作处理。图 10.15 显示了一个态势评估数据库模式的示例。它包括适用功能表,并标识存储在 aft_table 每个条目中的特定传感器特性。此外,还在 actual_search_space_table 中保留搜索概率质量函数、导航信息和跟踪目标。

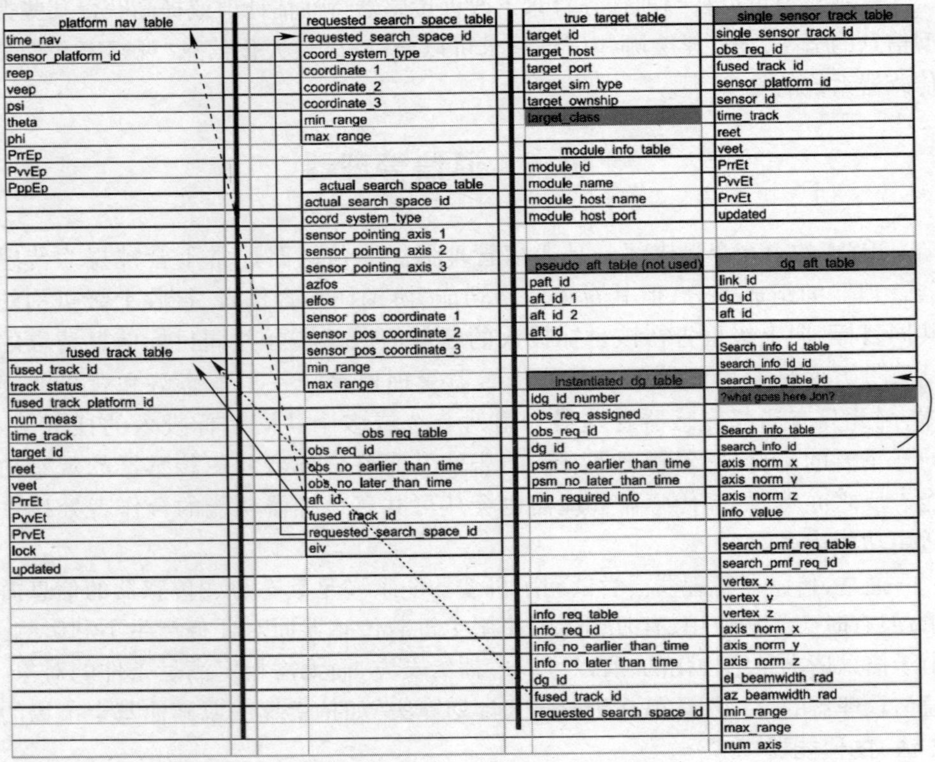

platform nav table		requested search space table		true target table		single sensor track table
time_nav		requested_search_space_id		target_id		single_sensor_track_id
sensor_platform_id		coord_system_type		target_host		obs_req_id
reep		coordinate 1		target_port		fused_track_id
veep		coordinate 2		target_sim_type		sensor_platform_id
psi		coordinate 3		target_ownship		sensor_id
theta		min_range		target_class		time_track
phi		max_range				reet
PrrEp				module info table		veet
PvvEp		actual search space table		module_id		PrrEt
PppEp		actual_search_space_id		module_name		PvvEt
		coord_system_type		module_host_name		PrvEt
		sensor_pointing_axis_1		module_host_port		updated
		sensor_pointing_axis_2				
		sensor_pointing_axis_3		pseudo aft table (not used)		dg aft table
		azfos		paft_id		link_id
		elfos		aft_id_1		dg_id
fused track table		sensor_pos_coordinate_1		aft_id_2		aft_id
fused_track_id		sensor_pos_coordinate_2		aft_id		
track_status		sensor_pos_coordinate_3				Search info id table
fused_track_platform_id		min_range		instantiated dg table		search_info_id_id
num_meas		max_range		idg_id_number		search_info_table_id
time_track				obs_req_assigned		?what goes here Jon?
target_id		obs req table		obs_req_id		Search info table
reet		obs_req_id		dg_id		search_info_id
veet		obs_no_earlier_than_time		psm_no_earlier_than_time		axis_norm_x
PrrEt		obs_no_later_than_time		psm_no_later_than_time		axis_norm_y
PvvEt		aft_id		min_required_info		axis_norm_z
PrvEt		fused_track_id				info_value
lock		requested_search_space_id				
updated		eiv				search_pmf_req_table
						search_pmf_req_id
						vertex_x
				info req table		vertex_y
				info_req_id		vertex_z
				info_no_earlier_than_time		axis_norm_x
				info_no_later_than_time		axis_norm_y
				dg_id		axis_norm_z
				fused_track_id		el_beamwidth_rad
				requested_search_space_id		az_beamwidth_rad
						min_range
						max_range
						num_axis

图 10.15 态势评估数据支持 IBSM 的关系数据库模式示例

参考文献

[1] Mathworks, Mathworks, 2019. https://www.mathworks.com/. Accessed August 16, 2019.

[2] Oracle Corporation, "Java," Oracle, https://www.java.com/en/. Accessed August 16, 2019.

[3] PostgreSQL Global Development Group, https://www.postgresql.org/. Accessed August 16, 2019.

[4] Norsys Software Corp., "Netica Application," 2018. https://www.norsys.com/netica.html. Accessed June 6, 2018.

[5] VT MAK, https://www.mak.com/products/simulate/vr-forces. Accessed August 16, 2019.

[6] Pearl, J., "Graphical Models for Probabilistic and Causal Reasoning," in Computing Handbook, Third Edition: Computer Science and Software Engineering, Volume I, New York: Chapman and Hall/CRC, 2014.

[7] Darcy, S., and K. J. Hintz, "Effective Use of Channel Capacity in a Sensor Network," 15th IEEE International Conference on Control & Automation (IICCA 2019), Edinburgh, U. K., 2019.

[8] Hintz, K. J., "Utilizing Information-Based Sensor Management to Reduce the Power Con-

sumption of Networked Unattended Ground Sensors," Signal Processing, Sensor Fusion, and Target Recognition XXI, SPIE Defense Symposium, Orlando, FL, 2012.

[9] Fernández-de-Alba, J. M., R. Fuentes-Fernández, and J. Pavón, "Architecture for Management and Fusion of Context Information," Information Fusion, Vol. 21, 2015, pp. 100-113.

[10] Ko, K.-E., and K.-B. Sim, "Development of Context Aware System Based on Bayesian Network Driven Context Reasoning Method and Ontology Context Modeling," 2008 International Conference on Control, Automation and Systems, Seoul, Korea, 2008.

[11] Liu, W., X. Li, and D. Huang, "A Survey on Context Awareness," 2011 International Conference on Computer Science and Service System (CSSS), Nanjing, 2011.

[12] Baldauf, M., S. Dustdar, and F. Rosenberg, "A Survey on Context-Aware Systems," Int. J. Ad Hoc and Ubiquitous Computing, Vol. 2, No. 4, 2007, pp. 263-277.

[13] Dey, A. K., Providing Architectural Support for Building Context-Aware Applications, , Atlanta, GA: George Institute of Technology, 2000.

[14] Snidaro, L., J. Garcia, and J. Llinas, "Context-Based Information Fusion: A Survey and Discussion," Information Fusion, Vol. 25, 2015, pp. 16-31.

[15] Snidarao, L., J. Garcia, and J. M. Corchado, "Context-Based Information Fusion," Information Fusion, Vol. 21, 2015, pp. 82-84.

[16] Kjaerulff, U., "A Computational Scheme for Reasoning in Dynamic Probabilistic Networks," Eighth Conference on Uncertainty in Artificial Intelligence, Stanford, CA, 1992.

[17] Koller, D., and A. Pfeffer, "Object-Oriented Bayesian Networks," Thirteenth Annual Conference on Uncertainty in Artificial Intelligence, Providence, RI, 1997.

[18] Laskey, K. B., "MEBN: A Language for First-Order Bayesian Knowledge Bases," Artificial Intelligenced, October 4, 2008, pp. 140-178.

[19] Norsys Software Corp., "Products," Norsys, 2019. https://www.norsys.com/. Accessed August 16, 2019.

[20] Darcy, S., and K. J. Hintz, "Real-Time Generation of Situation Information Expected Value (SIEV-Net) Networks Using Object Oriented Bayes Nets," 85th MORS Symposium, West Point, NY, 2017.

[21] Hintz, K. J., "Multidimensional Sensor Data Analyzer," U.S. Patent 7,698,100, April 13, 2010.

[22] Hintz, K. J., "Multidimensional Sensor Data Analyzer," U.S. Patent 7,848,904, December 7, 2010.

[23] Hintz, K. J., and S. Darcy, "Temporal Bayes Net Information & Knowledge Entropy," Journal of Advances in Information Fusion, Vol. 13, No. 2, February 2018.

[24] Norsys, "Sensitivity Equations, Entropy Reduction," https://www.norsys.com/WebHelp/NETICA/X_Sensitivity_Equations.htm#entropy. Accessed June 25, 2018.

[25] Hintz, K. J., et al., "Cross-Domain Pseudo-Sensors in IBSM," 21st International Confer-

ence on Information Fusion, Fusion2018, Cambridge, U. K., 2018.

[26] Open Geospatial Consortium, "OGC? SensorML: Model and XML Encoding Standard," 2014. http://www.opengeospatial.org/standards/sensorml. Accessed February 20, 2018.

[27] Hintz, K. J., "Information Request Generator," U. S. Patent 7,991,722, August 2, 2011.

[28] Hintz, K. J., and J. Malachowski, "Dynamic Goal Instantiation in Goal Lattices for Sensor Management," Proceedings of the SPIE, Vol. 5809, Orlando, FL, 2005.

[29] Hintz, K. J., and M. Henning, "Instantiation of Dynamic Goals Based on Situation Information in Sensor Management Systems," Signal Processing, Sensor Fusion, and Target Recognition XV, Orlando, FL, 2006.

[30] Zhang, Z., and K. J. Hintz, "OGUPSA Sensor Scheduling Architecture and Algorithm," Signal Processing, Sensor Fusion, and Target Recognition V, Orlando, FL, 1996.

[31] McIntyre, G. A., and K. J. Hintz, "Sensor Measurement Scheduling: An Enhanced Dynamic Preemptive Algorithm," Optical Engineering, Vol. 37, No. 2, February 1998, pp. 517–523.

[32] Grappiolo, C., et al., "Integrating Distributed Bayesian Inference and Reinforcement Learning for Sensor Management," 2009 12th International Conference on Information Fusion, Seattle, WA, 2009.

[33] Blasch, E., R. Malhotra, and S. Musick, "Using Reinforcement Learning for Target Search in Sensor Management," National Symposium on Sensor and Data Fusion, Lexington, MA, 1997.

[34] Chen, F., et al., "A System Architecture for Exploiting Mission Information Requirement and Resource Allocation," Proc. of SPIE, Vol. 8389, Ground/Air Multisensor Interoperability, Integration, and Networking for Persistent ISR III, 2012.

[35] Viswanath, A., et al., "MASM: A Market Architecture for Sensor Management in Distributed Sensor Networks," Multisensor, Multisource Information Fusion: Architectures, Algorithms, and Applications 2005, Orlando, FL, 2005.

[36] Avasarala, V., T. Mullen, and D. Hall, "A Market–Based Sensor Management Approach," Journal of Advances in Information Fusion, Vol. 4, No. 1, 2009, pp. 52–71.

第11章 未来技术及影响

11.1 引言

前几章回顾了传感器管理的历史、现状和方法,并在第8～10章详细阐述了IBSM方法。在本书的结尾用一章的篇幅来介绍传感器的一些发展趋势,这些趋势需要用IBSM才能有效地对其进行管理。这种趋势朝着大规模分布式互连的物理、社交和赛博传感器发展,这将导致出现数据丰富、信息贫乏(DRIP)的环境。就像IBSM中所体现的那样,这种不断发展和扩展的环境需要使用自适应的、实时的、基于任务且互连的通用传感器管理器。

11.2 传感器系统的物联网

近年来,日常生活中接入互联网的设备数量暴增。2017年,含物联网设备的民用联网设备数量大约为84亿个,比上一年增加31%[1]。此外,还新出现需要作为ISR资源进行管理的物联网战场。其中有些设备是我们认为的传统传感器,包括照相机、传声器、运动传感器、温度和压力传感器以及其他环境传感器和换能器。此外,还有其他传感器,如统计交通量的收费站和道闸。还有许多可为常规用途提供数据的设备,它们也可用作间接传感器;一套互联的打印机可提供企业活动的间接指标,而互联冰箱可提供一个区域的居住人数信息,甚至还可能提供健康信息。最明显的例子是,大约有35%的人口使用智能手机[2],智能手机为用户提供了GPS定位、麦克风、摄像头和众多应用程序的载体,使用户能与当前环境进行交互,并与地球上几乎所有的人进行通信。现代社会的城市居民使用的数字化设备,常

本章由Will Williamson与David Grossman共同撰写,前者是美国海军研究生院电子与计算机工程的助理研究教授,后者是Ofinno责任有限公司(一个无线技术研究开发实验室)的知识产权副总裁。

常会留下巨大的数字足迹,如能跟踪位置的手机和汽车上的GPS、智能收费的通行证、移动设备和卫星通信设备等,以及能报告其健康状况的可穿戴设备,工作证、信用卡、建筑钥匙上的射频识别(RFID)标签等。如果能从适当的数据库访问这些记录的交互数据,那么这些日常的自我报告设备可以提供很多信息。

11.3 赛博物理系统

有一类与赛博物理系统相关的特殊传感器,其中最普遍的是一系列的工业控制系统(ICS),它们用于感知和调控能源、供水、交通运输的某些方面以及其他许多工业流程的生产和分配。这些系统中的传感器通常是面向特定行业,是闭环控制系统的一部分,这些闭环系统用传感器的输入直接控制传动装置。大多数情况下,除了负责这些系统安全操作的人之外,这些系统不允许任何人访问,但正如在后面讨论的那样,这些系统存在大量漏洞。一些知名的攻击就是利用了其中的漏洞,包括攻击伊朗铀生产设施的"震网"病毒[3]以及俄罗斯在2015年、2016年对乌克兰电网的攻击[4]。

11.4 第五代(5G)移动通信网络

蜂窝通信技术正进入第五代技术演进阶段,技术发展过程如图11.1所示。第一代(1G)移动通信是出现于20世纪80年代的模拟通信。第二代是20世纪90年代在模拟话音通信中加入数字传输,也是在这一时期码分多址(CDMA)和全球移动通信系统(GSM)首次被采用。第三代蜂窝系统(3G)引入了数字包传输功能,使其可以接入互联网。

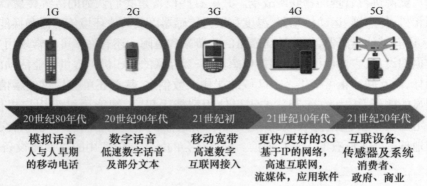

图11.1 蜂窝通信的发展进程[6]

第四代(4G)移动通信在2010年左右推出。相比于其他改进,4G主要侧重于提高数据速率、扩大传输带宽和多天线波束扫描。从3G开始,区域标准化组织创建了一个国际合作计划,即第三代合作伙伴计划(3GPP),该合作计划现在负责制定全球移动通信的技术规范[5-6]。

第三代合作计划项目在2012年启动5G规范的开发进程,定义了多个基于服务的用例,以便指导新无线(NR)和第五代核心网(5GCN)蜂窝通信技术的发展。图11.2给出了3个主要的用例和应用示例。这3个主要用例包括增强型移动宽带(eMBB)、大规模机器通信(mMTC)和超可靠低延迟通信(URLLC)。增强型移动宽带要求5G通信支持高数据率和高数据流量,其应用示例是无线宽带和智能手机。大规模机器通信要求5G通信支持大量低成本、低能耗设备,其应用示例是物联网设备和传感器。超可靠、低延迟通信要求5G通信支持超低延迟的通信,并提供高可靠性和可用性,其应用示例是非常重要的实时通信,如车辆到车辆(V2X)和车辆到基础设施(V2I)。

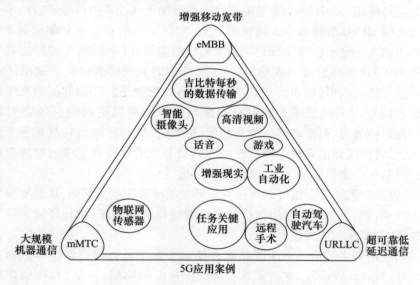

图11.2 推动5G新技术发展的5G用例

随着物联网设备的大规模应用,情报业务可利用5G技术快速收集、破译传感器信息,并对传感器信息采取行动[7]。许多物联网传感器和传动装置使用了不安全的体系架构,可能导致来自物联网设备的传感器通信被截获和解码[8],如安防摄像头和各种机器传感器(运动、距离、温度、振动、生物、气体和力量传感器等)。此外,物联网传动装置之间缺乏安全保障意味着机器可能会被欺骗或被敌方控制。

监视行动也可以使用 5G 通信技术来跟踪各种设备,包括车辆、智能设备、手机和物联网传感器等。有些设备会使用自带的位置传感器(如加速计、全球定位系统)上报自己的位置。而且 5G NR 技术的进步也为使用 5G 基础设施用于雷达提供了可能,即使设备没有与 5G 网络进行通信,这些设备也能被跟踪。新的发展包括更高的频谱、更大的带宽、大规模多输入多输出(MIMO)天线技术、波束成形、波束扫描及协同基站。

5G 将频谱扩展到 24.25 GHz 以上(也称毫米波)。美国联邦通信委员会(FCC)一直在拍卖 24~48.2 GHz 多个频段的使用权,并提供 64~71 GHz 频段用于非授权使用[9]。频率越高波长越短,这会显著提高小物体回波的反射分辨率,将有助于更好地识别无人机等物体及其有效载荷[10]。

现在 5G 通信支持自适应带宽。低带宽使设备能在某些应用时(如物联网通信)以低功耗配置运行。但在运行需要更多数据吞吐量的应用程序(如更新固件)时,同一个设备也能切换到高带宽。这些不同的带宽使用配置可在一个信道上同时使用。使用多个带宽配置还可以增加无线设备的信号传输功率。

大规模 MIMO 群将多个天线聚集起来,实现更高的吞吐量和频谱效率[11]。最初的多输入多输出配置充分利用多个天线的差异性(不同的天线可能有不同的传播路径)以提高通信的成功率。5G 通信中的大规模多输入多输出还可以对传播信号进行成形(波束形成),通过调整各天线振子的相位和振幅来生成能量聚焦在特定方向的波束。波束形成是利用窄波束以更高的有效辐射功率(ERP)发射信号,从而提高网络覆盖和频谱效率。这与传统的蜂窝系统形成鲜明对比,后者使用频谱向整个蜂窝区域发送信号。通过波束形成的窄波束还能将信号限制在一个受限的区域,从而减少干扰[12]。

5G 通信的天线波束也可以通过调整形成的波束在空间移动,从而实现波束扫描。波束扫描不仅可以对诸如移动手机等物体进行跟踪,而且还能跟踪其他移动物体,如汽车和无人机。

这些控制毫米波信号方向的新能力使每个基站具备充当雷达传感器的能力。此外,5G 通信也可以支持基站与天线面板间的协同,这使 5G 网络能够使用一组基站和天线面板作为一个功能强大的协同雷达传感器,如图 11.3 所示,即使车辆有意在辐射控制(EMCON)模式(即关闭所有的电子通信手段,如手机及应答器等)下工作,也能识别和跟踪移动车辆。

这种传感器跟踪能力可用于识别无人机、执行禁飞区、管理空中交通等。此外,新的信号处理算法也可用于识别由无人机旋翼结构引起的独特运动状态[13]。这些雷达信号特征可用于快速识别并跟踪目标飞行器。在多数情况下,这些信号特征可使用特征库,将目标与已知设备进行匹配。由于毫米波信号的波长较短,因

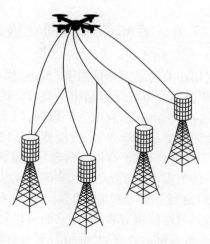

图 11.3　5G 通信的大规模多输入多输出协同天线
可使用波束成形和波束转向跟踪空中无人机

此当目标不在已知设备库中时,也可以用毫米波对目标及其载荷进行成像。

综上所述,蜂窝通信技术已取得重大进步,已跟上了自动控制、多媒体、传感器管理等其他领域的发展步伐。这些技术发展可调整用途,重新用于 ISR。更重要的是,5G 地面基础设施可提供一个全国性的雷达跟踪传感器网络。

11.5　智慧城市

智慧城市的概念最初是在 20 世纪 90 年代被提出来的,它利用信息技术来提高城市运行的效率和安全[14]。在过去 15 年中,随着传感器网络和云计算的快速发展,推动了智慧城市项目的发展。智慧城市旨在利用大数据和实时传感器信息,将很多不同类型和时间尺度的数据结合起来,为城市规划者和现场急救人员、市政服务提供者和市民等提供有价值的建议。荷兰的阿姆斯特丹可以说是最成熟的智慧城市之一,其在 2009 年就开始启动智慧城市倡议,目前正在开展 170 多个项目,其中许多项目依靠无线传感器网络提供实时信息,如车辆交通管理[15-16]。而像伦敦和新加坡这样的城市,以无处不在的安全摄像头而闻名,这些摄像头几乎覆盖了城市街道的各个角落。

智慧城市的愿景是利用大量数据,提高中等或长时间服务的效率,如废物管理、重复利用、能源管理、交通规划和提供公共医疗服务等。此外,由于可以获得近实时的数据,应急小组和执法部门能以前所未有的速度和准确度应对公共安全威胁。

11.6　感知即服务商业模式

与智慧城市概念密切相关的是感知即服务(SaaS)模型[17]。感知即服务是智慧城市的使能技术,但其商业市场远远超出市政府。供应商可以利用这些信息更好地提供服务并完善目标市场。利用这些数据,每个公民可以采用多种方式来改善自己的日常生活。但是市政当局、供应商和公民不太可能直接获得数据,这时数据汇聚者可以在融合、成形和提供内容方面发挥作用。

在智慧城市背景下的数据生态系统,即使没有具体的智慧城市项目,许多数据也是存在的,而且可以进行挖掘、利用和提供。首先,要考虑数据的所有权。原则上传感器的所有者是数据的所有者,因此它们可以控制其隐私水平。但是在实践中,所有权定义有些模糊。许多智能手机的供应商和智能手机应用程序要求收集各种位置和使用数据等,通过提供及时的信息来提高用户体验,通过挖掘大量用户数据来改善其产品。在某些情况下,这些数据是保密的,但在有些情况下,这些数据是共享的。此外,一些供应商会从机器上收集统计数据(如报告用量统计的联网打印机),这些数据既可以严格用于其预定目的,也可以作为监视用户的一种方式。供应商、市政当局和其他数据收集者收集信息,并将这些数据存储在自己的服务器上供其使用。数据汇聚者可以从多个源头购买数据访问权,并将数据源融合起来后转售。这包括数据格式规范化、设计融合规则、开发云体系结构,以便接收和处理来自多个源头的数据,并存储由此产生的数据产品。数据汇聚者可以一项公共服务或一种商业产品的方式来提供该信息,视其角色和客户基础而定。对于商业应用而言,通常不同成本对应不同的服务等级,如从事数据汇聚的 Flight Aware 公司提供了从超过 45 个政府的空中交通管控系统、公司自有的传感器网络、业余爱好者、哈里斯公司铱星卫星图收集来的数据[18]。商业卫星也可以绕过数据汇聚者直接提供数据。政府机构通过公共服务提供的信息(如国家海洋和大气管理局(NOAA)的天气数据、阿姆斯特丹丰富的智慧城市数据)通常按照服务级别来提供。

在提供智慧城市服务的同时保护隐私是困难的,而且很多文化对隐私的期望远不如美国高。这两者之间的紧张关系导致隐私专家安·卡沃基安最近从隶属谷歌的 Toronto Sidewalk 公司辞职,理由是对公司忽视隐私、实施入侵式监视很失望[19]。

处理和提供智慧城市数据的目的将决定数据库和数据处理架构所需的性能等级。例如,对考虑改变收费价格或修建新公路的城市规划人员来说,他们可能对将收费站的车辆数和进出收费公路的平均交通速度结合起来很感兴趣,但对这些数据的时间要求可能是几个月。如果将这些数据用于协助警察追捕车辆，他们对时间的要求将提高到秒级。为第一种用途设计出来的数据存储和处理架构不太可能为第二种用途提供支持。

从军事角度来看，现代城市中传感器数据的可用性为识别敌人重心、民用基础设施维修及重新规划提供了可能。交通和安全摄像头、运动传感器成为巨大的力量倍增器。由于执法、救灾和军事行动之间的任务需求有重叠，因此军队可能会发现智慧城市的大量信息非常适合自己的需要。同样，数据的价值也成为情报部门和犯罪组织有利可图的目标。

汇聚数据和传感器反馈数据的价值表明，需要将支持智慧城市或其他感兴趣活动（军事或政府活动）的网络数据、传感器和传动装置提升到相应的安全水平，这对智慧城市而言可能是一个挑战。我们讨论了数据不同层级的所有权，以及数据存储、处理、分发和访问的各个层级。各种各样的利益相关者和第三方交互形成了一个巨大的攻击面，必须对其加以保护。这对于那些希望利用漏洞的人来说是个好消息，但对那些必须防御它们的人来说却是坏消息。传感器本身可进行有线或无线部署，但发展趋势是不断走向无线，因为那样安装方便且成本通常更低。很多智能传感器，包括相对低成本的家庭安全系统，它们可以在传感器或第1跳的基站上执行由数据融合小组实验室联合主管的一级信号处理、识别实体或基本活动。攻击者可以选择直接获取传感器的反馈，如果不行，则可以选择收集身份信息和事件的元数据。另一个潜在的问题是，对机械控制系统的运行至关重要的传感器可能会被入侵并提供错误的读数，从而导致系统故障。美国能源部（DOE）在2007年进行了"曙光"试验，给柴油发电机输入错误的定时信号，使发电机出现破坏性振荡，在数分钟内导致发电机出现灾难性故障[20]。在"震网"病毒对伊朗铀加工设施的攻击中，当驱使铀离心机进入自毁操作时，传感器向操作员反馈的数据遭到入侵，并显示运行正常的数据。最后，正如2016年"未来"僵尸网络攻击那样，被攻破的传感器可作为僵尸网络的一部分，用于发起分布式拒绝服务（DDoS）攻击[21]。传感器数据流如果进行武器化并用于执行分布式拒绝服务攻击，那么也可以带来非常大的流量。

11.7 作为传感器的社交媒体

社交媒体直到最近才被视为现代冲突战场的一部分。如果接受克劳塞维茨提出的战争是通过其他手段进行的政治活动，那么必须考虑敌方的舆论活动会在多大程度上对政治结果造成实质性威胁。在美国、英国和其他国家最近的选举中,宣传机器人的影响力已有充分的记载,在 2016 年的美国大选中,推特对话中机器人的占比有高达 20%[22-23]。此外,有证据表明,极端主义言论与暴力之间存在明确的正相关关系。沃伦等对非洲、波罗的海地区、乌克兰爆发暴力事件期间的推特对话进行了取证调查,并且开发了多个能够根据社交媒体上所测量的情绪计算发生暴力可能性的模型[24-25]。虽然目前还没有真正开发出适合情报预测的应用工具,但这是一个非常活跃的研究领域。

在用社交媒体进行情绪分析时,必须把冲突地区居民的真实情绪测量与外部宣传注入的情绪区分开。社交机器人、引战者(恶意用户)、半人机器人(人类管理的机器人账户)都被用于由民族国家发起的敌对外部造势活动。预测真实情绪必须过滤掉这些外部噪声。有一些研究人员专门研究如何检测社交机器人,但这些机器人变得越来越复杂,因此需要创造流行话题(即有影响力),使其展示出一些可检测的行为特征,包括时间上的协同、共同内容和高密度活动等[26]。虽然在测量情绪时将敌对外部活动从会话中剔除是明智的,但不能完全忽视它们。有证据表明,一个支持"伊斯兰国"的宣传网络吸引了大量用户,并在数月内将这些人的行为从相对中立转变为积极传播来自宣传源头的极端主义信息[27]。接受率就像一种烈性传染病的规模。

11.8 总　　结

随着大带宽、无处不在的无线通信和连接到互联网的物联网设备的普及,开展 ISR 的机会变得越来越多,同时对消费者来说也变得越来越易用。为设备本身建立安全保护措施并不是常态,因为大家都认为可以通过加密在更高的层级实现安全。情报源头和数据汇聚者显然已经意识到,由于缺少内置的安全性和后门访问方法(不管这些方法是有意还是无意嵌入到设备的软件或固件中),他们可以轻易地获得许多有价值的数据,不仅可以从无防护的物联网设备中挖掘数据,而且因为要付出额外成本,所以厂家为消费者提供安全防护的动力不足。很多人也会使用社交媒体,但他们完全无视坏人会试图利用他们自由提供数据的事实。在安全成为接入互联网设备的内在属性且社交媒体是"选择进入"而不是"选择退出"前,互联网仍是丰富的开源情报库(OSINT)。

从物联网和其他传感器的多样性来看,需要一种新的传感器管理模式,以便有效地管理数据采集,并从中提取有任务价值的信息。对单个 ISR 平台的局部传感器管理来说,其需要的系统设计与通过聚合不同层级的获取者和用户的信息来获得有任务价值信息的系统是相同的。基于信息的传感器管理满足当前和不断发展的传感器管理的需求。

参考文献

[1] Ranger, S., August 21, 2018. https://www.zdnet.com/article/what-is-the-internet-ofthings-everything-you-need-to-know-about-the-iot-right-now/. Accessed September 20, 2019.

[2] bankmycell.com, "How Many Phones Are in the World?" https://www.bankmycell.com/blog/how-many-phones-are-in-the-world. Accessed September 20, 2019.

[3] Falliere, N., L. O. Murchu, and E. Chien, "W32. Stuxnet Dossier," Symantec Corp., 2011.

[4] Greenberg, A., "How an Entire Nation Became Russia's Test Lab for Cyberwar," Wired, June 20, 2017.

[5] Dehkman, E., S. Parkvall, and J. Skold, 5G NR The Next Generation Wireless Access Technology, London, U. K.: Elsevier, 2018.

[6] Blunt, R., "The Importance of 5G," June 27, 2019. https://www.rpc.senate.gov/policypapers/the-importance-of-5g. Accessed August 14, 2019.

[7] Ratam, G., "5G Technologies Could Challenge US Spy Agencies," Roll Call, February 26, 2019. https://www.rollcall.com/news/congress/5g-technologies-could-challenge-us-spyagencies-himes-says. Accessed August 14, 2019.

[8] Duong, T. Q., "Keynote Talk #1: Trusted Communications with Physical Layer Security for 5G and Beyond," 2017 International Conference on Advanced Technologies for Communications (ATC), Quy Nhon, Vietnam, 2017.

[9] 5G Americas, "5G Spectrum Vision," Bellevue, WA, February 2019, https://www.5gamericas.org/5g-spectrum-vision/, accessed December 11, 2019.

[10] Solomitckii, D., et al., "Technologies for Efficient Amateur Drone Detection in 5G Millimeter-Wave Cellular Infrastructure," IEEE Communications Magazine, Vol. 56, No. 1, 2018, pp. 43–50.

[11] Kinney, S., "Massive MIMO Is Seen as a Key Technology to Delivering Mobile 5G," RCR Wireless News, June 28, 2017. https://www.rcrwireless.com/20170628/5g/what-ismassive-mimo-tag17-tag99. Accessed August 12, 2019.

[12] Ramesh, M., C. G. Priya, and A. A. Ananthakirupa, "Design of Efficient Massive MIMO for 5G," 2017 International Conference on Intelligent Computing and Control (I2C2), Coimbatore, India, 2017.

[13] Yang, T., et al., "Automatic Identification Technology of Rotor UAVs Based on 5G Network Architecture," 2018 IEEE International Conference on Networking, Architecture and Storage (NAS), Chongqing, China, 2018.

[14] Albinio, V., U. Berardi, and R. Dangelico, "Smart Cities: Definitions, Dimensions, Performance, and Initiatives," Journal of Urban Technology, Vol. 22, No. 1, 2015, pp. 3–21.

[15] Brokaw, L., "Six Lessons From Amsterdam's Smart City Initiative," May 25, 2016. https://sloanreview.mit.edu/article/six-lessons-from-amsterdams-smart-city-initiative/. Accessed

September 20, 2019.

[16] Amsterdam Smart City, "Amsterdam Smart City," Crowded, https://amsterdamsmartcity.com/projects/dataamsterdamnl. Accessed September 20, 2019.

[17] Perera, C., et al., "Sensing as a Service Model for Smart Cities Supported by Internet of Things," Transactions on Emerging Telecommunications Technologies, Vol. 25, No. 1, 2014, pp. 81–93.

[18] FlightAware.com, "FlightAware," 2019. https://flightaware.com/. Accessed September 22, 2019.

[19] Bernal, N., "Privacy Expert Resigns from Google–Backed Smart City over Surveillance Concerns," The Telegraph, October 24, 2018. https://www.telegraph.co.uk/technology/2018/10/24/privacy-expert-resigns-google-backed-smart-city-surveillance/. Accessed September 20, 2019.

[20] Wikipedia, "Aurora_Generator_Test," January 13, 2019. https://en.wikipedia.org/wiki/Aurora_Generator_Test. Accessed September 22, 2019.

[21] Kolias, C., et al., "DDoS in the IoT: Mirai and Other Botnets," Computer, Vol. 50, No. 7, 2017, pp. 80–84.

[22] Howard, P. N., "How Political Campaigns Weaponize Social Media Bots," IEEE Spectrum, October 18, 2018.

[23] Baraniuk, C., "How Twitter Bots Help Fuel Political Feuds," Scientific American, March 27, 2018.

[24] Warren, T. C., "Explosive Connections? Mass Media, Social Media, and the Geography of Collective Violence in African States," Journal of Peace Research, Vol. 52, No. 3, 2015, pp. 297–311.

[25] Kuah, W., and Y. H. W. Chew, "Hashtag Warriors: The Influence of Social Media on Collective Violence in Ukraine," doctoral dissertation, Naval Postgraduate School, Monterey, CA, 2018.

[26] Alothali, E., et al., "Detecting Social Bots on Twitter: A Literature Review," 2018 International Conference on Innovations in Information Technology (IIT), Al Ain, United Arab Emirates, 2018.

[27] Ferrara, E., "Contagion Dynamics of Extremist Propaganda in Social Networks," Information Sciences, Vols. 418–419, 2017, pp. 1–12.

缩 略 语

3GPP	第三代合作伙伴计划
5GCN	第五代核心网
6-DOF	六自由度
AESA	有源电扫相控阵
AFT	适用功能表
AGI	强人工智能
AI	人工智能
AIS	自动识别系统
ALFUS	适用于无人系统的自动化级别
AOB	空中战斗序列
API	应用程序接口
ASW	反潜作战
ATR	自动目标识别
AVO	无人机操作员
AWGN	加性高斯白噪声
BAMS	广域海上监视
BER	比特误码率
BN	贝叶斯网络
BNCO	下一个最佳采集时机
BW	带宽
C-RACAS	通用雷达自主避撞系统
CIR	关键信息需求
COMINT	通信情报
COP	通用作战图
COTS	商用现货
CPO	通用处理本体

CPRG	巡逻与侦察大队指挥官
CPT	状态概率表
DAG	定向非循环图模型
DCPD	收集、处理与分发指令
DDoS	分布式拒绝服务
DLNN	神经网络中的深度学习
DoDAF	美国国防部体系结构框架
DPN	分布式感知网络
DRIP	数据丰富、信息贫乏
DS	D-S证据理论
E-commerce	电子商务
EDF	最早截止日期优先
eMBB	增强型移动宽带
EMCON	辐射控制
EOB	电子战斗序列
ESA	电子扫描阵列
ESM	电子支援设备
FLIR	前视红外
FOB	前沿作战基地
FOR	能视域
G-BOSS	地面作战监视系统
GSM	全球移动通信系统
HIL	人在环路中
HOL	人在环路上
HUMINT	人工情报
I&W	指示与告警
IBSM	基于信息的传感器管理
ICS	工业控制系统
IED	简易爆炸装置
IFC	综合功能能力
IFOV	瞬时视场
II	信息实例化器
IMM	交互多模型

IO	情报行动
IoT	物联网
IPB	战场情报准备
IPOE	作战环境情报准备
ISAR	逆合成孔径雷达
ISR	情报、监视与侦察
IUSS	综合海底监视系统
JDL – DFG	数据融合小组实验室联合主管
JMPS	联合任务规划系统
KF	卡尔曼滤波器
L2M	DARPA 终身学习机
LAMPS	轻型机载多功能系统
LOA	自治级别
LOFAR	低频分析与记录
LOS	视距
LPI	低截获概率
LST	最少轮转时间
MAD	磁异探测器
MASM	传感器管理市场架构
MDP	马尔可夫决策过程
MEBN	多实体贝叶斯网络
MFAS	多功能有源传感器
MIDS	多功能信息分发系统
MIMO	多输入多输出
MIOC	海上情报作战中心
ML	机器学习
MM	任务管理器
mMTC	大规模机器通信
MOB	主作战基地
MOC	海上作战中心
MOE	效能量度
MPO	任务有效载荷操作员
MPRF	海上巡逻和侦察部队

MRF	马尔可夫随机场
MSS	海面搜索
MTS	多光谱瞄准系统
NP	奈曼-皮尔逊准则
NCW	网络中心战
NLP	自然语言处理
NR	新无线
NWP	海战流程
OE	作战环境
OGUPSA	在线、贪婪、紧急驱动、抢先式调度算法
OOBN	面向对象的贝叶斯网络
OSINT	开源情报
OV-1	作战视图1
OWL	Web 本体语言
PHOTINT	照相情报
PI	性能指标
PIR	优先情报需求
POMDP	部分可观测马尔可夫决策过程
r-dot	距率
RCS	雷达散射截面积
RDF	资源描述框架
RTS	实时策略
SAA	感知与规避
SaaS	感知即服务
SADB	态势评估数据库
SAR	搜救行动;合成孔径雷达
SCADA	数据采集与监视控制
SIGINT	信号情报
SIR	具体情报要求
SM	传感器经理器
SME	主题专家
SMS	传感器管理系统;短消息服务
SNR	信噪比

SOSUS	声监视系统
SPMF	搜索概率质量函数
SS	传感器调度程序
STAP	时空自适应处理
STF	最短任务优先
SURTASS	监视拖曳阵传感器系统
SWaP	尺寸、重量和功耗
TBN	时间贝叶斯网络
TCPED	任务分配、收集、处理、利用和分发
UAS	无人机系统
UAV	无人机
UML	统一建模语言
URLLC	超可靠低延迟通信
VAN	虚拟联想网络
VUP	无人巡逻中队
WAM	加权算术平均值
xGM	第 x 代蜂窝通信，$x=1\sim5$
XML	可扩展标记语言

关 于 作 者

肯尼思·辛茨(Kenneth Hintz)博士在 32 年间一直担任乔治·梅森大学电气与计算机工程系的终身教授。在此期间,他发起成立了工程技术认证委员会(ABET),可授予计算机工程专业的学士学位和计算机工程专业的理学硕士学位。在任职期间,他讲授传感器工程、图像处理和计算机工程课程。他于 2019 年 9 月从乔治·梅森大学退休。

辛茨博士目前的研究领域是基于信息的传感器管理(IBSM),该研究最近得到了美国海军研究生院的支持。他还发明了一种基于空腔感应调制技术的枪管武器预击检测的新方法。

在乔治·梅森大学任职之前,辛茨博士曾任职于美国海军水面作战中心,从事电子战和雷达信号处理的工作,他构思、设计并制造了 AN/ULQ-16 脉冲分析仪(原型机)。在美国海军水面作战中心工作之前,辛茨博士曾在美国海军担任专职海军飞行员,在西班牙罗塔市驻扎了 3 年,在第 2 舰队空中侦察中队(VQ-2)进行空中电子战侦察。在此期间,他被任命为 EC-121 和 EP-3E 飞机的专职电子战飞机指挥官。

辛茨博士拥有 25 项专利,有 8 项专利正在申请中,是国际光学工程学会(SPIE)会士和电气与电子工程师协会(IEEE)高级会员,作为第一作者撰写了一本微控制器方面的著作。他分别在普渡大学获得电气工程专业学士学位,在弗吉尼亚大学获得电气工程专业硕士和博士学位。

辛茨博士是 Perquire 研究公司(https://perquire.com/index.html)的总裁兼创始人,该公司专门研究解决传感器、传感器管理和信号处理领域难题的方案。

内 容 简 介

本书是电子战领域第一本讲述多传感器管理问题的理论专著。本书从传感器管理的原型讲起,回顾了传感器管理的发展历史,描述了传感器管理的相关问题;介绍了传感器管理的理论基础以及人工智能和机器学习技术在传感器管理中的应用;以现役美军 MQ-4C"海神"情报侦察监视无人机的传感器管理为例,详细介绍了传感器管理系统对 SAR 雷达、ECM 电子侦察、红外/可见光侦察、Link16 数据链通信等多种传感器的作战管理、管理原则和基于信息的管理流程;提出了基于信息的传感器管理模型,介绍了其组成部分和最优化约束目标函数,给出了基于信息传感器管理的具体应用方法;最后介绍了传感器和传感器管理的发展趋势。

本书从信息论角度提出了基于信息的传感器系统管理模型,解决情报、监视与侦察(ISR)传感器实时管理问题,介绍了信息论在 ISR 系统设计和开发中的应用,并将人工智能和机器学习技术引入传感器系统管理。

本书适合电子战、雷达、通信、情报侦察等领域的工程技术、作战及管理人员阅读,也可作为高等院校或培训机构的教材或参考资料。